Design of Geosynthetic Tubes

土工管袋设计计算

郭 伟 楚 剑 孙立强 聂 雯 著

人民交通出版社股份有限公司

北京

内 容 提 要

本书针对土工管袋在岸坡防护、污泥处理、防洪堤坝等相关工程领域的应用,并根据作者多年的研究成果,综合介绍了土工管袋设计计算理论。全书共分9章,分别为:绪论、土工膜管袋计算理论、土工膜垫计算理论、双层堆叠土工膜管袋设计计算、土工织物管袋试验分析、多次充灌土工织物管袋设计计算、土工织物管袋泥浆脱水试验研究、支挡土工膜管袋数值计算、土工管袋建造临时道路工程。期望本书能为广大学者提供一系列较为完善的土工管袋设计计算方法,为推动和完善我国土工管袋技术在各个领域的应用尽绵薄之力。

本书可供土工管袋设计计算相关学者和科研设计人员阅读使用。

图书在版编目(CIP)数据

土工管袋设计计算 / 郭伟等著. — 北京 : 人民交通出版社股份有限公司, 2021.6
ISBN 978-7-114-17332-5

Ⅰ.①土… Ⅱ.①郭… Ⅲ.①土建织物—土工学—设计计算 Ⅳ.①TU4

中国版本图书馆 CIP 数据核字(2021)第 092386 号

Tugong Guandai Sheji Jisuan
书　　名：土工管袋设计计算
著 作 者：郭 伟 楚 剑 孙立强 聂 雯
责任编辑：黎小东 王景景
责任校对：孙国靖 龙 雪
责任印制：张 凯
出版发行：人民交通出版社股份有限公司
地　　址：(100011)北京市朝阳区安定门外外馆斜街 3 号
网　　址：http://www.ccpcl.com.cn
销售电话：(010)59757973
总 经 销：人民交通出版社股份有限公司发行部
经　　销：各地新华书店
印　　刷：北京市密东印刷有限公司
开　　本：787×1092 1/16
印　　张：12.25
字　　数：260 千
版　　次：2021 年 6 月 第 1 版
印　　次：2021 年 6 月 第 1 次印刷
书　　号：ISBN 978-7-114-17332-5
定　　价：60.00 元
(有印刷、装订质量问题的图书,由本公司负责调换)

前　言

Preface ■■■■■

土工管袋技术始于 20 世纪 50 年代,最早用于围堤工程。随着技术的发展和技术理论的日趋成熟,土工管袋广泛用于土木工程中的围海造陆围埝和堤坝,海洋工程中防波堤,水利工程中的防洪、水位控制及河流改道,市政交通工程中的预压水袋、隧道抢险橡胶囊,环境工程中的污水沉积和污泥脱水等工程。本书根据土工管袋材料的不同,将之分为土工膜管袋、土工织物管袋和橡胶坝。

本书系统性地总结了笔者多年来的研究成果,并对相应的理论推导和设计计算进行了详细介绍。土工管袋设计计算是岩土工程中较新且较窄的研究领域,期望本书能帮助广大感兴趣的学者和科研设计人员快速和系统地了解土工管袋的设计计算理论,更加合理地指导土工管袋在工程中的应用,为推动和完善我国土工管袋技术在各个领域的应用尽绵薄之力。

全书分为 9 章。第 1 章主要对土工管袋的概念及在工程中的应用情况进行综述。第 2、3 章主要介绍了刚性和柔性地基上土工膜管袋和土工膜垫的模型试验、数值模拟方法及计算理论。第 4 章主要介绍了刚性地基上双层堆叠土工膜管袋的模型试验和分析计算理论。第 5、6 章采用试验方法对土工织物管袋的渗透固结过程进行分析,建立了多次充灌时土工织物管袋的变形和受力特性计算理论。第 7 章介绍了加速土工织物管袋污泥脱水效率的两种方法,并进行了室内模型试验。第 8 章基于数值分析方法介绍了支挡土工膜管袋用于抗洪抢险的相关方法及其结构设计。第 9 章系统介绍了土工管袋工程应用中的设计、施工及效果分析。

在本书即将出版发行之际,向支持该书出版的人民交通出版社股份有限公司,以及各位领导、同仁表示衷心的感谢。本书经历了两年多的努力写作和修改,在此期间,高鑫、任宇晓、陈静、王彦頔、林澍、郎瑞卿、庄道坤、陈诚、蔡旺、李亚昕、李嘉骏等同学进行了多达四遍的校稿工作,在此表达诚挚的谢意。

郭　伟

2021 年 3 月于北洋园

目 录

Contents

1 绪 论

土工合成材料是以人工聚合物为原料制成并应用于土木工程建设中,与土、岩石或其他材料接触而发挥其加筋、防护、包裹、隔离、排水、防渗和反滤等作用的各类合成材料的总称,主要包括土工织物、土工膜、土工特种材料和土工复合材料等众多类型[1];自20世纪80年代提出以来,经过不断的创新和发展,现已广泛应用于岩土、水利、市政、结构、环境工程和围海造陆工程等国民经济建设领域。相比于传统的钢、木、石三类建筑材料,土工合成材料是一种新型的工程材料,被称为第四种建筑材料。

土工织物是由合成纤维经胶结、针刺或编织而成的透水性土工合成材料,常分为有纺和无纺土工织物,如图1-1所示。有纺土工织物是指将人工合成的聚合物原材料加工成丝、纱或带后,将经纱与纬纱编织成平面结构用于岩土工程的布状产品,又称缎造型土工织物,是最早的土工织物产品,可根据工程需要编织成不同的厚度与密实度,一般较薄且纵横向都具有较强的抗拉强度和稳定性。无纺土工织物是指用合成短纤维或长丝进行定向或随机排列,形成纤网结构再经过胶结粘合、针刺或热压轧压等无纺工艺加固制成的布状土木工程产品。土工织物的优点是具有较好的过滤性、重量轻、整体连续性好、施工方便、抗拉强度高、耐腐蚀和抗微生物侵蚀性好;缺点是未经特殊处理,抗紫外线能力低,如暴露在外,受紫外线直接照射容易老化,但如不直接暴露,其抗老化及耐久性能仍较高。

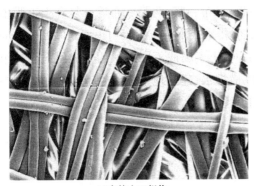

| (a)有纺土工织物 | (b)无纺土工织物 |

图1-1 土工织物材料的微观结构[2]

土工膜是以聚氯乙烯(PVC)、低密度聚乙烯(LDPE)、高密度聚乙烯(HDPE)、乙烯-醋酸乙烯共聚物(EVA)、沥青或改性沥青(ECB)等为原料生产的一种防水阻隔型材料。常见的土工膜主要为低密度聚乙烯土工膜、高密度聚乙烯土工膜和乙烯-醋酸乙烯共聚物土工膜。土工膜是一种高分子化学柔性材料,其相对密度较小,延伸性较强,适应变形能力高、耐腐蚀、耐低温和抗冻性能好,具有突出的防渗和防水性能。

土工特种材料是根据工程特性的需要而生产的特种产品,包括土工格栅、土工网、土工格室、土工管袋、土工包(袋)和土工黏土衬垫(GCL)等。土工格栅是用聚合物、纤维等经热塑、模压或编织而成的二维网格状或具有一定高度的三维立体网格屏栅;根据原材料不同,可分为塑料土工格栅、钢塑土工格栅、玻璃纤维土工格栅和聚酯经编涤纶土工格栅四大类。土工网是以聚丙烯或聚乙烯为原料,采用热塑法生产的具有较大孔径和较大刚度的平面或三维结构材料,具有抗老化和耐腐蚀等特征,常用于坡面防护、植草、软基加固垫层,或用于制造复合排水材料。土工格室是由高强度的 HDPE 或聚丙烯(PP)共聚材料片材,经强力焊接或铆接而成的蜂窝状格室结构,常用于路基加筋、软土地基加筋和坡面防护等工程。土工管袋是由土工合成材料经过缝制或粘贴,通过填充泥浆、砂浆、水或气而形成的管袋状产品,具有阻断、防护、排水等作用。土工包或土工袋与土工管袋的制作方法类似,只是形状和施工工艺不一样。土工黏土衬垫是一种用膨润土、黏土或其他低渗透性材料外覆土工织物或土工膜,通过针刺、缝合或化学粘合的方法制成的一种复合防渗材料,常用于水利、岩土、环境工程中的防渗或密封施工。根据材料和制作方法不同,土工黏土衬垫主要分为以下四类:三重组合黏土衬垫(土工织物-膨润土-土工织物)、三重复合型(细粒钠基膨润土机缝在两层针刺无纺聚丙烯土工织物之间)、膜土复合型(胶结膨润土固定在 HDPE 土工膜上)和三重合成物(土工织物为顶层、胶溶膨润土和无纺土工织物为底层)。

土工复合材料是将土工织物、土工膜和某些土工特种材料等不同性质的材料相互粘合制成的一种土工合成材料组合物。常见的土工复合材料有复合土工膜和复合排水材料两种。复合土工膜是在土工膜的一侧或两侧经过烘烤加热,然后将土工织物和土工膜压制在一起而形成的复合材料,常见的有一布一膜、二布一膜、两膜一布等。复合土工膜中的土工膜主要用于防渗,而土工织物则起到加筋、排水或增加土工膜与土面之间摩擦力的作用。复合排水材料,是由无纺土工织物、土工网、土工膜或不同形状的合成材料芯材组成的排水材料,常用于软土的排水固结、路基纵横排水、建筑地下排水管道、集水井、支挡建筑物墙后排水、隧道排水、堤坝排水设施等工程领域。

1.1　土工管袋

土工管袋技术起源于 20 世纪 50 年代,近年来随着理论研究的开展和实际工程的应用取得了显著发展,并被广泛用于但不限于防洪及水位控制、防波堤、海岸防侵蚀、堤坝、污水存储、污水沉积和围海造陆等工程领域。土工管袋具有制作简单、施工及运输快捷、性价比高等优点。在堤坝建设中,使用砂或泥浆填充的土工管袋通常比传统混凝土或碎石方法更加经济环保,并可以充分利用施工现场的泥浆充当充灌材料。使用土工管袋进行污泥处理,单价较其他固化方法低,且易进行大规模污泥污水固化处理。

　　本书所定义的土工管袋与传统理论所定义的由土工织物材料缝制而成的土工管袋[3-6]略有区别,其囊括以土工织物、土工膜、复合土工膜等为原料进行缝制或粘贴而成的管袋状结构,充灌材料不仅包括泥浆和砂浆,还包含气体和液体等流体材料,充灌后的形状包含香肠状和扁平状两种,后者也被称作土工垫[7-8]。因此,本书根据制作材料和施工工艺将土工管袋分为以下三种:

　　(1)土工膜管袋:通常由土工膜或复合土工膜经粘贴而成,具有极低的渗透性,充灌物通常是水、气、泥浆、污泥或其他废料,常用于临时堤坝、防波堤或污染物存储等工程领域。

　　(2)土工织物管袋:通常由高抗拉强度有纺土工织物缝制而成,具有较好的渗透性和保土性,通常充灌泥浆、砂浆、水泥、混凝土、污泥、污水等材料,常用于堤坝建设、海滩防护、防波堤、污泥和污水处理等工程领域。

　　(3)橡胶坝[7-8]:通常为以高强度复合土工膜材料和特种合成橡胶粘合加工制成的新型软薄壳水工结构物,已被广泛应用于挡水、挡海潮、泄洪、溢流等工程领域。橡胶坝和土工膜管袋的主要区别是橡胶坝需锚固于基础底板,并和边墩、中墩、上下游翼墙、上下游护坡、上游防渗铺盖或截渗墙、下游消力池、充排水(气)设施和控制系统等部分共同组成橡胶坝系统。

　　为方便分类和对比,表1-1总结了以上三种土工管袋的材料、制作方法、特性和应用。

土工管袋的分类、制作材料和应用对比　　　　　　表1-1

类　型	土工管袋材料及特性	充灌材料	应　用
土工膜管袋	具有极低的渗透性;需要衬垫或密封材料;抗拉强度高;由聚氯乙烯、聚丙烯、聚氨酯、三元乙丙橡胶、丁基橡胶或共聚物制成	水、泥浆、污泥、其他废料	洪水控制[11-12];污染物存储[13];灌溉、调水、蓄水等[14];海洋干作业面堤坝;水位调节和灌溉[15]
土工织物管袋	具有较好的渗透性和土壤保持能力;通常由合成聚丙烯聚合物、聚酯、聚乙烯或聚酰胺等高抗拉强度有纺或无纺土工织物制成	砂浆、泥浆、水泥、混凝土、黏土混合物、废料、污水、污泥	堤坝[16];海滩修复[17-18];海岸防护[19-20];防波堤[21];污水、淤泥处理[22-23]
橡胶坝	由不透水的高强度复合材料制成,具有耐老化、耐腐蚀、耐磨损、抗冲击、抗屈挠、耐水、耐寒等性能;包括基础底板、边墩(岸墙)、中墩(多跨式)、上下游翼墙、上下游护坡、上游防渗铺盖或截渗墙、下游消力池、海漫等	水、气、水气混合物	蓄水、截水、调水堤坝;堤坝、溢洪道加高;污染水控制;地下水补给;防波堤;潮汐、洪水控制[24]

1.2 土工管袋的应用

土工管袋在澳大利亚[25]、巴西[26]、中国[16]、法国、德国[27]、印度尼西亚、韩国[28]、日本[29-30]、马来西亚[31]、新西兰[32]、美国[33]等多个国家被广泛应用于岸坡防护、污泥处理、防洪堤坝、防波堤等多种工程,并可以通过堆叠[34-36]或增加附属结构(如裙板、挡板、套管等)来提高土工管袋结构的整体稳定性[37]。

1.2.1 岸坡防护

土工管袋常用于海岸、河流、湖泊或湿地岸坡防护堤坝的施工,防止洪水或风暴对岸坡的冲刷以及对近岸重要建筑物的破坏。使用土工管袋进行堤坝建设,通常在表层需要覆盖土层或碎石[图 1-2(a)],防止尖锐物体、波浪、人为因素或长期日照等因素对袋体的不可逆损伤。因此,土工管袋只有在风暴或洪水来临、表层碎石或土体被冲刷后才会发挥防护作用。如果土工管袋表层不覆盖土层或碎石,通常会在表层加覆防紫外线涂层[图 1-2(b)],以防止长期日照等因素对袋体的损伤。土工合成材料的高抗拉强度使其与土能更好结合。施工过程中与土工织物结合使用能显著提高整个坝体的稳定性。

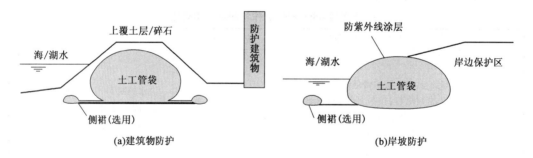

图 1-2　土工管袋在岸坡防护中的应用

土工管袋的充灌材料一般为当地砂石、粉土或泥浆,通常不需要引入外来材料。该优点在砂石料匮乏、运输困难或环境敏感地区显得尤为突出。其中最为著名的工程是巴林安瓦吉群岛人工岛和防波堤建造工程,以及韩国仁川大桥防波堤工程,都使用了土工管袋坝体。堤坝的建设对当地的环境影响微乎其微。相比于碎石或混凝土堤坝,使用土工管袋进行堤坝建设还具有性价比高、施工过程简单快捷、施工过程不需要大型的机械设备且不受施工工作面约束等优点。因此,该技术可以与池塘、河道、海滩清淤工程相配合施工,更会增加经济和社会效益。

如果所建坝体较高,土工管袋可以进行堆砌施工。常用的堆砌方法有单排斜砌[图 1-3(a)]、二一堆砌[图 1-3(b)]和多层堆砌[图 1-3(c)]等。为使多层堆砌的土工管袋坝体具有较强的稳定性,充灌后的土工管袋界面通常较为扁平(本书称为土工垫管袋)。其充灌材料通常以砂土、粉土或泥浆为主。使用土工垫管袋进行堤坝建设有以下特点:①坝体横断面具有较大宽高比,坝体一般无侧向稳定性问题;②泵送位置可以在横断面多点布设,施工过程方便快捷;③土工垫堤坝柔性好,能适应相对较大的不均匀沉降,并可以在顶层充灌过程中对该不均匀沉降进行补偿;④由于每层土工垫高度较小,土工合成材料所受的拉力较小,因此降低了材料强度要求和材料成本。

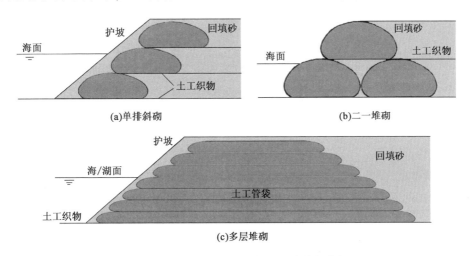

图 1-3　土工管袋建造岸坡防护堤坝的堆砌形式

1.2.2　污泥处理

污泥包括污水处理过程中产生的含水率不同的半固态或固态物质(工业污泥),城市河道和疏浚清淤工程、城市地下水道产生的淤泥,以及河流、湖泊、水库、海港、码头等污染底泥产生的淤泥。污泥处理就是对污泥进行浓缩、调治、脱水、稳定、干化或焚烧的加工过程[38-39],最终实现污泥的减量化、稳定化和无害化。污泥成分复杂,含有大量的病原微生物、寄生虫卵、有毒有害的重金属及大量的难降解物质,若处理不当,极易对水体、土壤和大气造成二次污染。我国污水处理普遍存在"重水轻泥"的现象,使得我国污水处理快速发展,而污泥处理却停滞不前,引起污泥处理缺口巨大。截至 2014 年底,全国污水处理厂产生的污泥无害化处置率仅为 56%,主要处置方式为卫生填埋、焚烧、制肥、制造建材。剩余污泥中,约 1/3 采用"临时手段"处置,剩余污泥去向不明[40-41]。

我国目前常采用堆泥场晾晒处理,极易造成污染物渗漏、迁移和扬尘等二次污染事故,且该方法脱水时间长,效果不明显,仍存在污泥存储和再处理等问题。若采用机械脱水方法(如板框压滤)处理污泥,由于污泥颗粒细小,水力渗透性能较差,现行技术仍存在效率较低和处理代价较高等问题。目前欧美国家正在积极研发高效污泥脱水技术,主要包括电渗脱水、冻融处理、超声波处理、膜分离等,但都存在设备一次性投资高、需建设车间厂房、一次处理量小、成本高和处理能力不能满足现场治理的短暂工期要求(如疏浚淤泥处理)等不足。

使用土工管袋进行污泥脱水(图1-4),是将污水泥浆泵送到土工管袋内,污泥在管袋约束力和内部水压力的共同作用下,自由水体通过土工织物的孔隙流出,而固体颗粒材料则被保留在土工管袋内部。该方法已开始应用于工业污水[42]、湖河淤泥[43-45]、工业废水[46]、尾矿泥[47-48]等的脱水。脱水后淤泥的含水率仅为50%~60%,其陆地运输、回收利用或再处理变得极为简单和方便。

图1-4　土工管袋堆叠法加速污泥排水固结

若使用土工管袋技术进行高效工厂化污泥处理,可以借鉴图1-5所示的标准化生产工艺。该处理技术可以有效防止堆泥场晾晒处理过程中造成的污染物渗漏、迁移、扬尘等二次污染事故,并且设备、建设车间厂房等一次性投资低,处理量大,能满足疏浚淤泥处理现场治理工期短暂的要求。采用土工管袋进行污泥脱水具有一次处理量大和易于现场操作等优势,受到环境保护界人士的重视,且该技术处理性能稳定、工艺简单、效果优越、总投入及处理成本低,因而更具有市场竞争力。

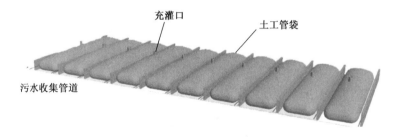

图1-5　使用土工管袋进行工厂化污泥处理

1.2.3　防洪堤坝

由于全球变暖、海平面逐渐上升以及人为的其他原因,海啸、洪涝等灾害时有发生,决堤溃坝事故屡见报道,影响了城市的建设发展和居民的生命财产安全。在灾害多发区域,如内陆河流流域及沿海海岸、码头、港口等区域,需要选择安全高效和迅速便捷的临时性防洪堤坝。此外,对于一些特殊情况,如遇暴雨等恶劣天气时,需要对工程作业区域采取紧急防水措施,例如对河岸农田需要进行防水保护,在潮间带作业如建造风电场等需要快速修建挡水结构。

临时堤坝主要采用袋装砂土材料进行建设,堤坝依靠自身重力提供抗力。但洪水期间大量砂袋的灌装、运输以及摆放都需要大量的人力和时间,同时还需要大量的砂土材料,不仅破坏原有土地资源的空间分布形式,增加水土流失的风险,而且洪水来临时需要快速建设临时性堤坝来有效抵抗洪水的侵袭,而袋装砂袋堤坝很明显不能满足时效性要求。传统砂袋堤坝的另外一个缺点是洪水退却后砂袋的转移进一步增加了经济负担。一旦转移过慢,袋内的砂土又容易滋生细菌,引起二次环境污染。

相比传统砂袋堤坝,采用土工膜管袋建造的临时性防洪堤坝具有经济、省时、便捷、安全高效和重复利用等优点,且土工膜管袋可以利用洪水进行快速充灌,以达到以水治水的目的。土工膜管袋堤坝的主要缺点是坝体挡水高度不能太高,否则作用于一侧的水压力可能会导致坝体失稳。实际工程中,提高袋体整体的稳定性常用措施有:三角挡体[图1-6(a)]、弧头挡体[图1-6(b)]、裙体结构[图1-7(a)]、双仓黏结结构[图1-7(b)]、双袋捆绑结构[图1-7(c)]和三袋捆绑结构[图1-7(d)]等。其中,双袋和三袋捆绑结构中的土工膜管袋是根据需要采用强度较高的条带以一定间隔进行捆绑而成。

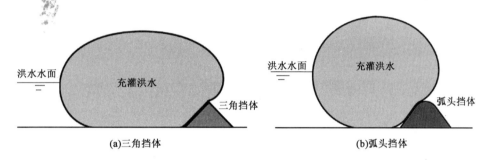

图1-6　使用挡体提高土工管袋稳定性的方法[49]

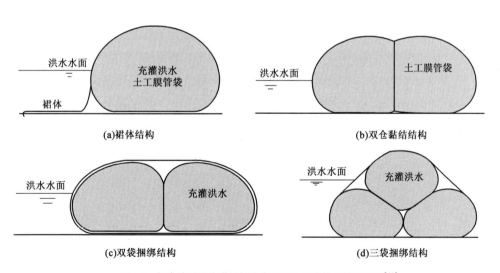

图1-7　提高临时性防洪堤坝稳定性的土工膜管袋结构形式[44]

1.2.4　橡胶坝

1965年我国开始研究橡胶坝技术,20世纪90年代以来该技术处于快速发展阶段。据不完全统计,截至2020年10月,我国橡胶坝已建成约6000座,近年来更是以每年新建

300座左右的速度快速发展。1966年6月我国建成第一座橡胶坝——北京右安门橡胶坝。该坝坐落于北京南护城河上,是城市工业用水和分洪的节制闸。设计坝高为3.4m,坝顶长为37m,坝底长为24m,采用螺栓锚固以及水泵充排坝袋形式。

目前,世界上最长的橡胶坝是位于山东临沂的小埠东拦河橡胶坝,其建于1997年,高3.5m,16跨,每跨70m,总长1135m。其中拦河坝最大蓄水量为2830万 m³,回水长度10.8km。该橡胶坝水利枢纽工程在发挥水利工程作用的同时,拦蓄上万亩景观水面的沂蒙湖,成为全国著名水利风景区。我国大部分橡胶坝为充水式橡胶坝,最大坝高约为5m。目前世界上最高的橡胶坝是荷兰的Ramspol橡胶坝。该橡胶坝分为三跨,每跨75m,宽13m,高8.35m,见图1-8(a);采用水气双充,单向挡水设计高度为4m。土工复合膜由6层土工合成材料复合而成,厚度达16mm,采用螺栓压板锚固形式,见图1-8(b)。

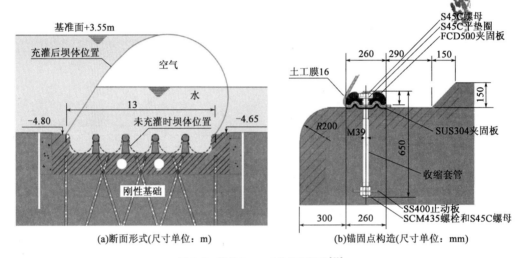

(a)断面形式(尺寸单位:m)   (b)锚固点构造(尺寸单位:mm)

图1-8 荷兰 Ramspol 橡胶坝构造[50]

橡胶坝是采用高强度合成纤维织物作为受力骨架,内外涂敷橡胶作为保护层,加工成胶布,将其锚固于底板上形成封闭坝袋,并通过充排管路用水(气)将其充胀形成的袋式挡水坝,属于薄壁柔性结构。橡胶坝顶可以溢流,并可根据需要调节坝高,以控制上游水位。根据充灌材料的不同,橡胶坝可分为充水式和充气式两种结构形式。充水式橡胶坝的充水水源主要有河水和井水两种。充水坝的充排时间要长于充气坝,在造价方面两种坝型基本一致。

橡胶坝系统主要由土建部分、坝袋及锚固件、充排水(气)设施及控制系统等组成。橡胶坝的运行要严格按照规定的方案和操作规程进行,坝袋内的充水(气)压力不得超过设计压力,以免坝袋爆裂。橡胶坝虽然很少维修,无须像常规钢闸门那样定期涂刷油漆防锈,但也要定期检查。尤其是在洪水过后,要检查是否有漂浮物对坝袋造成刺伤,以及坝体振动、坝袋与底板磨损、河卵石摩擦撞击坝袋等造成的损害。由于橡胶坝袋很容易受到尖利和有角物体的损伤,常需划出橡胶坝工程的管理范围和安全区域。

橡胶坝适用于低水头、大跨度的闸坝工程。橡胶坝依靠充灌完成的袋体挡水和承担各种荷载,并将荷载传递至基础底板上(图1-9)。可根据需要调节溢流水深,起到闸门、滚水坝和活动坝等作用,同时具有瀑布景观效果。

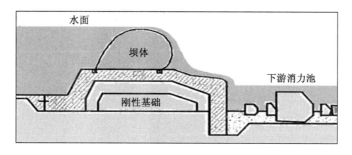

图1-9　橡胶坝的基本构造

橡胶坝相比于常规闸门坝体,具有以下优点:①造价低,节省"三材"。一般可节省钢材30%～50%,水泥50%左右,木材60%以上,可减少投资30%～70%。②结构简单,施工期短。一般为3～6个月,通常情况下是当年破土动工,当年使用受益。③抗震性能好。橡胶坝的坝体为薄壁柔性结构,富有弹性,抗冲击弹性为35%左右,伸长率达60%,具有以柔克刚的性能,故能抵抗强大的地震波和特大洪水的波浪冲击。④不阻水且止水效果好。坝袋锚固于底板和岸墙上,基本能达到不漏水。坝袋内水泄空后,紧贴在底板上,不缩小原有河床断面,无须建中间闸墩、启闭机架等结构,故不阻水。⑤其他优点。如操作灵活,管理方便,高度可变等。具体见表1-2。

橡胶坝和常规闸门坝体相比的优点[51]　　　　　　　　　　　　　　　　表1-2

项　　目	坝　　型	
	橡胶坝	常规闸门坝体
结构	结构简单,挡水主体为坝体,底板为少筋混凝土	结构复杂,依靠闸门挡水,底板厚,中墩设闸门槽,精度要求高
规模	跨度大,单跨可达100m,高度低	跨度小,单孔仅为10m多长
承载	荷载均布,对基础底板要求低	荷载集中,对基础底板和中墩要求高
抗震	抗震性能好	抗震性能相对较差
地基	自重轻,对地基承载力要求低	自重大,对基础承载力要求高
施工	施工难度低,工期短,技术要求低	施工难度大,工期长,技术要求高
三材用量	钢材、木材、水泥三大材料用量小	三大材料用量大
密封性	密封性好,几乎不漏水	止水性差,常漏水
可靠性	坝体易受漂浮物及人为损伤,坚固性差,易老化	闸门坚固性强,不易遭人为损坏,需要定期做防锈处理
耐久性	土建30～50年,设备20～50年,坝体15～20年后可更换	土建30～50年,设备20～50年
行洪	占用河道行洪断面小,阻水影响小,行洪能力强	闸墩多,占用行洪断面大,闸墩阻水影响大,行洪能力弱

续上表

项　　目	坝　　型	
	橡胶坝	常规闸门坝体
运行	充水式坝的运行高度可调节,可自由塌坝	闸门开度可调节,但大型闸门需要动力启闭
管理	管理维修量小,费用低	防锈等管理维护量大,费用高
总造价	总造价低,为常规闸门坝体的50%~70%	总造价高
景观	新颖美观,有利于开发旅游	上部结构有碍景观

1.3　本章小结

　　土工管袋技术随着理论研究的开展和实际工程的应用取得了显著发展。本书根据作者多年的研究成果,综合介绍了土工管袋设计计算的各种理论。由于土工管袋设计计算是岩土工程或土工合成材料工程中较新且较窄的研究领域,许多推导方法并不易获得,希望本书所提供的设计计算方法对相关设计人员有所帮助,能够更加合理地指导土工管袋在工程中的应用。同时,本书也详细介绍了相关的工程实例,对类似的工程建设和后期运行有一定的借鉴和指导意义。

2 土工膜管袋计算理论

2.1 概述

土工膜管袋具有极低的渗透性,常通过充灌水、泥浆、污水或其他废料,被广泛应用于临时堤坝、防波堤、污水或污染物存储等工程。土工膜管袋的截面形状和张力分布,通常为进行土工膜管袋设计计算时需要考虑的主要因素。本章对土工膜管袋设计计算过程中考虑和不考虑地基土变形两种计算情况分别进行了分析,详细介绍了微分方程组的推导过程,并用 Runge-Kutta-Merson 方法对微分方程组进行了求解。随后,将以上理论计算结果与现有的计算理论、数值分析和试验结果进行了对比和验证。基于理论计算结果,本章同时给出了图表法和曲线拟合法两种简化计算方法。图表法为基于截面几何参数和充灌压力间的关系,建立相应的计算图表。曲线拟合法则为通过对无量纲参数的曲线拟合,得到截面几何参数的计算式。

2.2 柔性地基

土工膜管袋有时需要铺设在可能发生较大沉降变形的软土地基上,地基土的沉降变形通常会对土工膜管袋的截面形状和表面张力产生一定程度的影响。对于考虑地基土沉降变形的土工膜管袋设计和计算,到目前为止并没有严谨的计算理论。本节分别阐述了弹性地基梁法和一维沉降法的推导和求解过程,以及数值计算的建模过程,并对各计算结果进行了对比和验证。

2.2.1 弹性地基梁法

弹性地基梁地基模型,又称 Winkler 地基模型(文克勒地基模型),为捷克工程师 Winkler 在 1867 年提出的用于土体对表面荷载响应的计算模型。该模型将土体简化为一系列无摩擦的土柱或彼此独立的弹簧[52](图 2-1),并假定地基土表面上任意一点处的变形 δ_i 与该点所承受的压力 q_i 成正比,而与相邻点处的压力无关。该方法的基本方程采用以下公式表示:

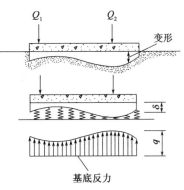

图 2-1 弹性地基梁地基模型中地基的
受力及变形示意图

$$q_i = K_f \delta_i \qquad (2\text{-}1)$$

式中,q_i 和 δ_i 分别为点 i 处的竖向压力和竖向沉降量;K_f 为基床系数或地基抗力系数(主要与线弹性地基的应力-应变特性有关)。

事实上,基床系数 K_f 并不为土层的固有性质,而为取决于基底压力、基础尺寸和土体分层的一个参数。因此,基床系数 K_f 并不能直接通过试验测得具体数值,而是常通过标准平板荷载试验[53]进行现场标定。使用经验法进行计算时,通常基于土体的弹性模量 E 进行计算:

$$E = kS_u \qquad (2\text{-}2)$$

$$K_f = \frac{E}{(1-\nu^2)\sqrt{A}} \qquad (2\text{-}3)$$

式中,E 为地基土的弹性模量;k 为弹性模量计算因子(可根据图 2-2 查得);S_u 为土体的不排水抗剪强度;ν 为地基土的泊松比;A 为承压板与地基土的接触面积。

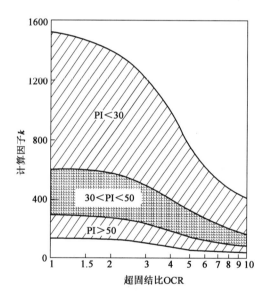

图 2-2　弹性模量计算因子和超固结比 OCR 以及塑性指数 PI 间的关系[54]

Winkler 地基模型计算简单,参数意义明确,为一种常用的线弹性地基模型。该模型最大的缺陷是没有考虑土体的连续性,忽略了土体中的剪应力作用,而土体剪应力会使地基附加应力向基底周围的土体扩散。此外,该模型假定基床系数 K_f 是恒定不变的,与荷载大小、分布形式、基础的几何形状无关,且忽略了基础结构与地基变形之间的相容性,很难真实地确定地基土层的原位流变性质。因此,对于抗剪强度较低的软土地基,或地基压缩层较薄,厚度不超过基础短边一半,荷载基本不向外扩散的情况,可以认为其比较适用于 Winkler 地基模型。

1)理论推导和求解

由于土工膜管袋横截面为轴对称的,可以取横截面的一半作为研究对象,其受力分析示意图见图 2-3(a)。坐标选取以横截面的顶点为原点,以水平方向为 y 轴,竖直方向为 x 轴。土工膜管袋内任意深度 x 处的总静水压力为 $p(x) = p_0 + \gamma x$,其中 p_0 为充灌压力,如图 2-3(b)所示。假定横截面上任意一点 A 处的切线方向与 y 轴之间的夹角为 θ,则有:

$$\frac{\mathrm{d}x}{\mathrm{d}s} = \sin\theta \qquad (2\text{-}4)$$

$$\frac{\mathrm{d}y}{\mathrm{d}s} = \cos\theta \qquad (2\text{-}5)$$

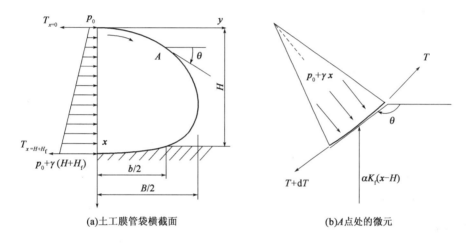

| (a)土工膜管袋横截面 | (b)A点处的微元 |

图 2-3 弹性地基梁法的土工膜管袋受力分析示意图

以 A 点处长度为 $\mathrm{d}s$ 的微元为研究对象,根据法线和切线方向上的受力平衡分析,可以得到如下微分方程:

$$\frac{\mathrm{d}T}{\mathrm{d}s} = \alpha K_\mathrm{f}(x - H)\sin\theta \qquad (2\text{-}6)$$

$$\frac{\mathrm{d}\theta}{\mathrm{d}s} = \frac{1}{T}\left[-\alpha K_\mathrm{f}(x - H)\,|\cos\theta| + P_0 + \gamma x \right] \qquad (2\text{-}7)$$

式中,α 为计算因子(当 $x < H$ 时,$\alpha = 0$;当 $x > H$ 时,$\alpha = 1.0$)。

以图 2-3(a)中的土工膜管袋为研究对象,水平方向上的作用力只有静水压力 $p(x)$ 和土工膜管袋的张力,则由水平方向上的受力平衡可建立以下方程:

$$T_{x = H + H_\mathrm{f}} + T_{x = 0} = p_0(H + H_\mathrm{f}) + \frac{1}{2}\gamma (H + H_\mathrm{f})^2 \qquad (2\text{-}8)$$

土工膜管袋张力可以通过横截面上的受力平衡进行求解。根据微分方程式(2-6)并结合式(2-4)、式(2-5),可以推导得出:

$$T_{x=0\sim H} = \frac{1}{2}p_0(H + H_f) + \frac{1}{4}\gamma(H + H_f)^2 - \frac{1}{4}K_fH_f^2 \qquad (2\text{-}9a)$$

$$T_{x=H\sim(H+H_f)} = K_f\left(\frac{1}{2}x^2 - Hx\right) + \frac{1}{2}p_0(H + H_f) + \frac{1}{4}\gamma(H + H_f)^2 - \frac{1}{4}K_f(H_f^2 - 2H^2)$$

$$(2\text{-}9b)$$

由式(2-9a)和式(2-9b)可以看出,在 x 取值 $0\sim H$ 的范围时,土工膜管袋横截面上未与地面接触部分的张力 $T_{x=0\sim H}$ 与 x、y 的坐标值无关,而只由 p_0、γ、H、H_f、K_f 等值决定。因此,只要知道这些值,就可对 $T_{x=0\sim H}$ 进行求解计算。

结合式(2-4)、式(2-5)、式(2-7),可以得出土工膜管袋横截面几何形状的非线性微分方程为:

$$y'' = \frac{1}{T}\left[\alpha K_f(x - H)|y'|(1 + y'^2)^{\frac{1}{2}} - (P_0 + \gamma x)\right](1 + y'^2)^{\frac{3}{2}} \qquad (2\text{-}10)$$

由于式(2-10)中包含了两个椭圆微分方程,该方程并无解析解,必须用数值方法进行求解。以充灌泥浆的重度 γ、土工膜管袋的高度 H 和充灌压力 p_0 为输入参数,利用式(2-9)求解张力,并结合以下两个初始边界条件,对以上方程进行求解:

(1)当 $x=0$,$y=0$ 时,则 $dy/dx = \infty$,$\theta = 0$;

(2)当 $x=H+H_f$,$y=0$ 时,则 $dy/dx = -\infty$,$\theta = \pi$。

采用 Runge-Kutta-Merson(RKM4)方法对以上微分方程进行求解,并编写计算程序,具体求解步骤如下:

(1)输入已知参数 γ、p_0、H、K_f。

(2)任意假设土工膜管袋的沉降为 H_{ft},并代入式(2-9)求得顶点处的张力 T_t。

(3)将 γ、p_0、H_{ft}、H、K_f 和 T_t 代入式(2-10)中,则可以计算出一个试算的土工膜管袋横截面形状。

(4)判断当前得到的横截面是否满足边界条件:$x=H+H_f$ 时,$y=0$ 和 $dy/dx = -\infty$。如果 $y\neq 0$ 或 $dy/dx\neq -\infty$,需要对 H_{ft} 进行调整并重复步骤(2)、(3),直到满足该边界条件。此时的 H_{ft} 即为土工膜管袋的沉降量 H_f,T_t 即为土工膜管袋顶点上的张力 $T_{x=0\sim H}$,计算形状即为土工膜管袋的横截面,周长 L、宽度 B、接触宽度 b 等几何参数则可根据截面几何形状求得。

(5)若以土工膜管袋的周长 L 作为已知量,高度 H 作为未知量,则迭代需按以下步骤进行:假设 $H=L/\pi$ 并作为初始输入参数,重复步骤(2)~(4),计算土工膜管袋的横截面;如果所求周长 L_t 与已知周长 L 不满足 $|L_t/L - 1| = 10^{-3}$,则重新修正 H 并计算,直到满足 $|L_t/L - 1| = 10^{-3}$。

为验算计算结果的准确性,本章将计算所得结果与 Plaut 和 Suherman[12] 所给出的结果进行了比较。由于 Plaut 和 Suherman 的结果采用了无量纲参数,本书也对结果进行了无量纲化处理:其中 H 和 H_f 除以横截面周长 L,充灌压力 p_0 除以 γL,张力 T 除以 γL^2,基

床系数 K_f 除以 γ。因此，在使用所编译程序进行对比计算时，将土工膜管袋的横截面周长设为 $L=1.0$，充填泥浆的重度设为 $\gamma=1.0$。两种方法所计算的结果见表2-1，从表中我们可以看出两种结果吻合较好。

本书结果与 Plaut 和 Suherman 结果比较　　表2-1

K_f (kPa/m)	来源	p_0 结果 (kPa)	p_0 差值 (%)	H 结果 (m)	H 差值 (%)	H_f 结果 (m)	H_f 差值 (%)	T_{max} 结果 (m)	T_{max} 差值 (%)	T_{min} 结果 (m)	T_{min} 差值 (%)
10	文献[12]	0.0565	1.33	0.1935	0.39	0.0264	8.71	0.02005	1.90	0.01656	0.06
	本书	0.0558		0.1943		0.0287		0.02043		0.01657	
25	文献[12]	0.0514	1.95	0.1986	0.50	0.0104	9.62	0.01696	0.12	0.01562	0.06
	本书	0.0504		0.1996		0.0114		0.01698		0.01561	
50	文献[12]	0.0498	0.18	0.2002	0.04	0.0051	15.69	—		—	
	本书	0.0499		0.2001		0.0059		0.01591		0.01527	
100	文献[12]	0.0491	0.65	0.2009	0.16	0.0025	12.00	—		—	
	本书	0.0488		0.2012		0.0028		0.01533		0.01512	
200	文献[12]	0.0487	0.41	0.2013	0.10	0.0013	15.38	—		—	
	本书	0.0485		0.2015		0.0015		0.01506		0.01487	

2）参数分析

本节利用所提出的计算理论对土工膜管袋进行了计算分析，研究主要参数对土工膜管袋横截面形状和张力的影响。计算中，土工膜管袋横截面周长取为9m，充灌液体重度取为 $12kN/m^3$，充灌压力取为 10kPa 和 50kPa，基床系数 K_f 取为 100kPa/m、200kPa/m 和 ∞，计算得到的土工膜管袋横截面见图 2-4。计算结果显示，充灌压力一定时，基床系数 K_f 越小，土工膜管袋高度越低，沉降量越大。

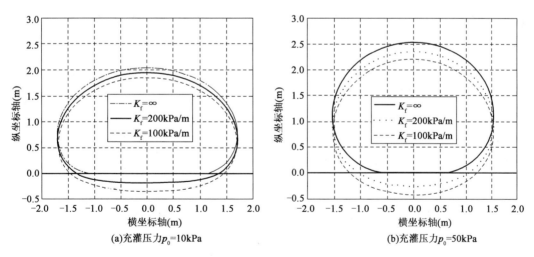

(a)充灌压力 p_0=10kPa　　　　　　(b)充灌压力 p_0=50kPa

图2-4　土工膜管袋横截面相对于充灌压力 p_0 和基床系数 K_f 的变化（$\gamma=12kN/m^3$，$L=9m$）

图2-5（a）给出了基床系数与土工膜管袋高度变化百分比的关系曲线。由图可以看出，当基床系数 $K_f < 1000kPa/m$ 时，基床系数对土工膜管袋高度的影响较大；当 $K_f > 1000kPa/m$ 时，土工膜管袋高度的变化百分比就可以忽略不计。图2-5（b）给出了土工膜

管袋沉降量与K_f的关系曲线。由图可以看出,充灌压力一定时,基床系数对土工膜管袋的沉降影响较大,当$K_f > 1000\text{kPa/m}$时,其对管袋沉降的影响可以忽略不计。因此,只有$K_f < 1000\text{kPa/m}$的软土地基,才有必要考虑地基土沉降变形对土工膜管袋截面形状的影响。对于$K_f > 1000\text{kPa/m}$的地基土,可以不考虑地基土的沉降变形对土工膜管袋截面形状的影响,而以刚性地基进行计算。

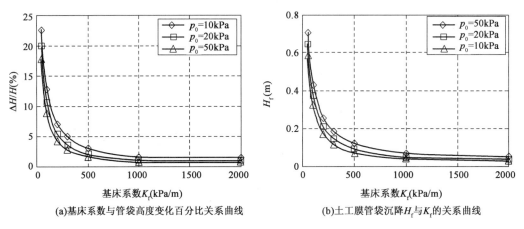

(a)基床系数与管袋高度变化百分比关系曲线   (b)土工膜管袋沉降H_f与K_f的关系曲线

图 2-5   基床系数对土工膜管袋沉降量的影响($\gamma = 12\text{kN/m}^3, L = 9\text{m}$)

土工膜管袋的横截面和高度在充灌压力$p_0 = 0\text{kPa}$、1kPa、5kPa、10kPa、20kPa、50kPa和100kPa时的计算结果分别见图 2-6(a)和图 2-6(b),所用的已知参数为$\gamma = 12\text{kN/m}^3$,$L = 9\text{m}, K_f = 100\text{kPa/m}$。由图 2-6 可以看出,充灌压力越大,土工膜管袋越高,同时土工膜管袋沉降量越大。当$p_0 < 30\text{kPa}$时,充灌压力对H和H_f的影响较大;当$p_0 > 30\text{kPa}$时,土工膜管袋的横截面接近圆形,充灌压力对土工膜管袋的横截面形状的影响基本可以忽略不计。

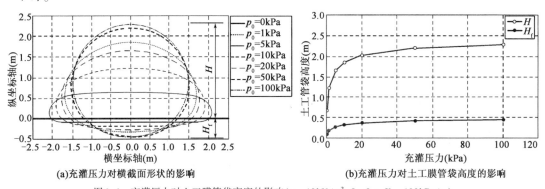

(a)充灌压力对横截面形状的影响   (b)充灌压力对土工膜管袋高度的影响

图 2-6   充灌压力对土工膜管袋高度的影响($\gamma = 12\text{kN/m}^3, L = 9\text{m}, K_f = 100\text{kPa/m}$)

土工膜管袋横截面上一点的纵坐标与该点处张力随充灌压力的关系曲线见图 2-7。由图可以看出,较高的充灌压力会显著增加土工膜管袋的张力,土工膜管袋的张力在未与地面接触的位置处为恒定值,而在与地面接触位置处则随深度发生变化,位置越低其张力就越大,且在土工膜管袋底部中心点处达到最大值。应当指出的是,以上关于土工织物中张力分布的结论,仅适用于使用弹性地基梁地基模型对液体充灌的土工膜管袋进行计算的情况,且忽略土工织物和地基土之间的摩擦。在实际工程中,由于土工织物和地基土之间摩擦力的影响,土工膜管袋横截面与地基接触点的张力会沿着土工织物与地面的接触面而逐渐减小,且在土工膜管袋底部中心点处张力达到最小值[27]。

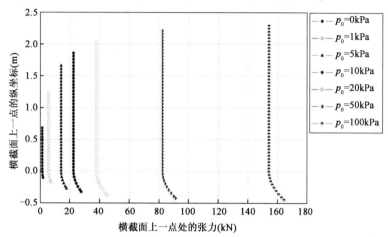

图 2-7   土工膜管袋横截面上一点的纵坐标与该点处张力随充灌压力的关系曲线

实际工程中的设计目标通常为土工膜管袋的高度。因此,通常以土工膜管袋的高度作为已知量并进行参数分析,研究基床系数和充灌压力对土工膜管袋横截面和张力所产生的影响。本节所分析的土工膜管袋设计高度为2m,并在充灌压力10kPa和充灌液体重度12kN/m³时进行充灌。土工膜管袋横截面随基床系数的变化情况见图2-8(a),可以看出,高度一定的情况下,基床系数越小,所需要的土工膜管袋横截面周长越长,所形成的横截面宽度越宽。高度为2m的土工膜管袋置于基床系数为100kPa/m的地基土上的横截面形状见图2-8(b)。计算中选用的充灌压力分别为10kPa、30kPa、50kPa。计算发现,土工膜管袋的高度一定时,充灌压力越大,所需要的土工膜管袋的周长越小,宽度越小,土工膜管袋横截面也就越圆。

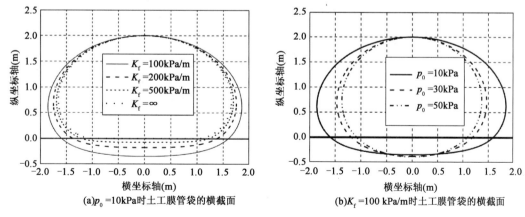

(a)p_0=10kPa时土工膜管袋的横截面   (b)K_f=100 kPa/m时土工膜管袋的横截面

图 2-8   基床系数和充灌压力对土工膜管袋横截面的影响($\gamma = 12\text{kN/m}^3, H = 2\text{m}$)

基床系数 K_f 和充灌压力 p_0 对设计高度为 2m 的土工膜管袋最大张力及横截面周长的影响分别见图 2-9(a)和图 2-9(b)。从图 2-9(a)可以看出,土工膜管袋的最大张力随充灌压力的增加而增加,随基床系数的增加而减小,在 $K_f > 1000$kPa/m 时,K_f 的影响就不再显著。图 2-9(b)显示,当充灌压力和土工膜管袋高度一定时,土工膜管袋所需横截面周长随着基床系数 K_f 的增加而减小,同样,在 $K_f > 1000$kPa/m 时,K_f 的影响就不再显著。

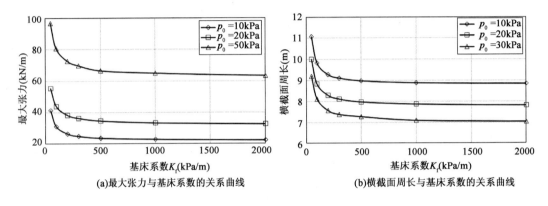

(a)最大张力与基床系数的关系曲线　　　　　　(b)横截面周长与基床系数的关系曲线

图 2-9　基床系数对最大张力和横截面周长的影响

对于设计高度为 2m 的土工膜管袋,图 2-10 给出了不同充灌压力下土工膜管袋最大张力和横截面周长的变化趋势。正如预期的一样,土工膜管袋的张力受充灌压力的影响较为显著。K_f 值一定时,最大张力随充灌压力的增加而线性增加。当设计高度为 2m 的土工膜管袋置于 K_f 不同的地基土上时,其所需横截面周长随充灌压力的增大而快速减小。但是,当充灌压力大于 30kPa 时,由于土工膜管袋的横截面趋近于为圆形,充灌压力的影响不再明显。土工膜管袋的张力却随充灌压力的增加而线性增加。因此,一味地增加充灌压力,并不能增加充灌泥浆的体积,反而会增加土工膜管袋破损的风险。土工膜管袋的充灌压力建议选取在 30kPa 左右。

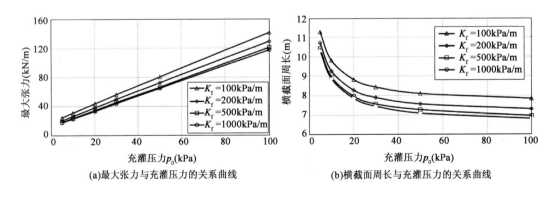

(a)最大张力与充灌压力的关系曲线　　　　　　(b)横截面周长与充灌压力的关系曲线

图 2-10　充灌压力对最大张力和横截面周长的影响($\gamma = 12$kN/m³,$H = 2$m)

2.2.2 压缩曲线法

土体压缩曲线指一维固结压缩试验所得的孔隙比 e 与施加荷载 p 的关系曲线。压缩曲线反映了土受压后的压缩特性,它的形状与土试样的成分、结构、状态以及受力历史有关,为土体的一种基本特性。压缩性不同的土,其 e-$\lg p$ 曲线的形状是不一样的,压缩曲线坡度可以反映出土体压缩性的高低。利用一维固结沉降理论对土体进行沉降计算时假定土体只有竖向变形而不受侧向变形的影响。相比于弹性地基梁法地基模型,压缩曲线法的优点是其计算参数可根据试验直接测得,且可以考虑附加应力在土体内部的分布、超固结比以及地下水位的影响。

1)理论推导和求解

由于土工膜管袋横截面为轴对称的,本节只选取土工膜管袋横截面的一半作为研究对象,如图 2-11(a)所示。简化计算模型中基本参数的定义方法与第 2.2.1 节所定义的相同。土工膜管袋横截面上任意一点 $S(x,y)$ 处,长度为 ds 的微元的受力示意图见图 2-11(b)。若定义土工膜管袋截面上任意一点的切线方向和 x 轴方向之间的夹角为 θ,则表征 θ 与 x 和 y 坐标之间关系的几何方程有:

$$\frac{dy}{ds} = \sin\theta \tag{2-11}$$

$$\frac{dx}{ds} = \cos\theta \tag{2-12}$$

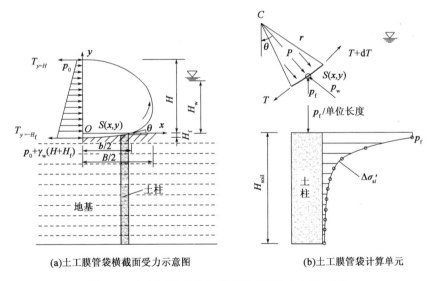

(a)土工膜管袋横截面受力示意图　　(b)土工膜管袋计算单元

图 2-11　基于沉降曲线的土工膜管袋截面受力分析示意图

土工膜管袋外侧的挡水水位定义为 H_w,则点 $S(x,y)$ 处的静水压力为 $\gamma_w(H_w-y)$,其中 γ_w 为水的重度。作用于微元 ds 的静水压力可以表示为:当 $y < H_w$ 时,$p_w = \gamma_w(H_w-y)$;当 $y \geqslant H_w$ 时,$p_w = 0$。土工膜管袋内部作用于点 $S(x,y)$ 处的静水压力为 $p_0 + \gamma(H-$

y），其中 p_0 为充灌压力，γ 为土工膜管袋充灌液体的重度。如果点 $S(x,y)$ 处微元的张力增量定义为 dT，地基土反力定义为 p_f，根据微元上的法向和切向方向上的受力平衡可以得出：

$$\frac{\mathrm{d}T}{\mathrm{d}s} = \alpha p_f \sin\theta \tag{2-13}$$

$$\frac{\mathrm{d}\theta}{\mathrm{d}s} = \frac{1}{T}\left[p_0 + \gamma(H - y) - p_w - \alpha p_f \cos\theta\right] \tag{2-14}$$

式中，α 为无量纲量（当 $y \geq 0$ 时，$\alpha = 1.0$；当 $y \leq 0$ 时，$\alpha = 0$）。

假定地基土为有限的互相独立的垂直土条，且忽略土条间的相互作用，如图 2-11（b）所示，则在顶部附加压力 p_f 作用下，土体中各点的附加应力 $\Delta\sigma_{zj}$ 可以通过 Boussinesq 方程计算：

$$\Delta\sigma_{zj} = \frac{2p_f}{\pi}\frac{1}{-y_j} \tag{2-15}$$

式中，$\Delta\sigma_{zj}$ 为由土工膜管袋引起的在第 j 土层处的附加应力；y_j 为第 j 层土中间处的 y 坐标值（负号表示 y 坐标为负值）。

需要说明的是，使用式（2-15）进行附加应力计算，当 y_j 趋近于零时，土体中各点附加应力 $\Delta\sigma_{zj}$ 的值会趋近于无穷大，显然这与事实不符，本书假定 $\Delta\sigma_{zj} \leq p_f$。计算中每个土柱同样被划分为 N 个土层，则 $j \leq N$。

总沉降 S_c 即为各层土的沉降 ΔS_{cj} 之和（分层总和法）：

$$S_c = \sum_{j=1}^{n}\Delta S_{cj} \tag{2-16}$$

对于正常固结土：

$$\Delta S_{cj} = C_c\frac{H_j}{1 + e_0}\lg\frac{\sigma'_{0j} + \Delta\sigma'_{zj}}{\sigma'_{0j}} \tag{2-17}$$

对于超固结土：

$$\Delta S_{cj} = C_r\frac{H_j}{1 + e_0}\lg\frac{\sigma'_{0j} + \Delta\sigma'_{zj}}{\sigma'_{0j}} \qquad (\sigma'_{0j} + \Delta\sigma'_{zj} < \sigma'_c) \tag{2-18}$$

$$\Delta S_{cj} = \frac{H_j}{1 + e_0}\left(C_r\lg\frac{\sigma'_c}{\sigma'_{0j}} + C_c\lg\frac{\sigma'_{0j} + \Delta\sigma'_{zj}}{\sigma'_c}\right) \qquad (\sigma'_{0j} + \Delta\sigma'_{zj} > \sigma'_c) \tag{2-19}$$

式中，ΔS_{cj} 为每个分层的沉降；H_j 为每个分层土的厚度；e_0 为初始空隙率；C_c 为压缩指数；C_r 为再压缩指数；$\Delta\sigma'_{zj}$ 为第 j 土层中间点处的附加应力；σ'_c 为前期固结压力；σ'_{0j} 为第 j 土层中间点处的初始附加压力。

压缩指数 C_c 可由室内或原位测试进行测得，土体典型压缩指数的范围在 $0.15 \sim 4.0$ 之间。对于一些特殊土，如墨西哥城黏土，压缩指数可以高达 $7 \sim 10$[55]。再压缩指数 C_r 的典型值在压缩指数 C_c 的 $5\% \sim 10\%$ 范围内。

式（2-4）、式（2-5）、式（2-13）、式（2-14）可以通过数值法，并结合以下两个初始边界

条件来求解:

(1) 当 $y = H$ 时,则 $x = 0, \theta = \pi$;

(2) 当 $y = -H_\mathrm{f}$ 时,则 $x = 0, \theta = 0$。

本书使用 Runge-Kutta-Merson(RKM4)方法对式(2-4)、式(2-5)、式(2-13)、式(2-14)这一方程组进行求解。RKM4 方法为一种在工程上应用广泛的高精度单步算法。此算法精度高,可以采取措施对误差进行控制。RKM4 方法求解的源程序,读者可以参阅参考文献[56]和[57]。对未知数的搜索方法,本书采用 Box[58]在 1965 年所提出的 Complex Method(CM)。关于 CM 方法求解的源程序,读者可以参阅参考文献[59]和[57]。

程序计算过程以充灌泥浆的重度 γ、外侧水位高度 H_w、土工膜管袋横截面周长 L 和充灌压力 p_0 作为已知量。土层参数,如初始空隙率 e_0、土的重度 γ_s、压缩指数 C_c、再压缩指数 C_r 以及超固结比 OCR 等,均为已知参数。程序所求解的未知参数则为土工膜管袋横截面形状和张力分布。

图 2-12 给出了采用压缩曲线法所得出的不同充灌压力下土工膜管袋横截面计算结果。所得各几何参数与充灌压力的关系见图 2-13。计算结果表明,土工膜管袋横截面高度、面积和沉降随着充灌压力的增加而增加,当充灌压力大于 30kPa 时,增加量并不明显,结果趋于稳定。土工膜管袋的张力随充灌压力的增加而线性增加,见图 2-14。因此,单纯地增加充灌压力,并不能增加充灌泥浆的体积,反而会增加土工膜管袋破损的风险。建议的充灌压力建议选取在 30kPa 左右。计算结果还表明,土工膜管袋未与地面接触位置处的张力为恒定的,而其与地面接触处的张力则随深度发生变化,位置越低张力就越大,且在土工膜管袋底部中心点处达到最大值。应当指出的是,以上关于土工膜管袋张力分布的结论仅适用于地基土模型中忽略土柱间的相互作用,且充灌液体与土工膜管袋以及土工膜管袋与地基土之间的摩擦力可以忽略的情况。在实际工程中,由于土工膜管袋和地基土之间摩擦力的影响,土工膜管袋横截面底部任意点处的张力沿着土工织物与地面接触深度的增加而逐渐减小,且在土工膜管袋底部中心点处张力达到最小值。

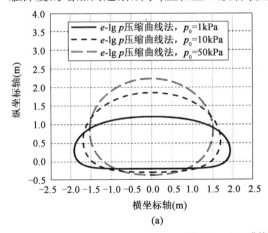

(a)

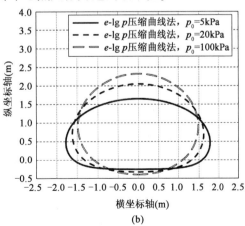

(b)

图 2-12 土工膜管袋横截面计算结果

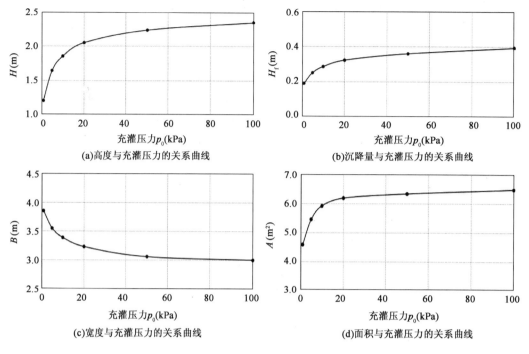

(a)高度与充灌压力的关系曲线

(b)沉降量与充灌压力的关系曲线

(c)宽度与充灌压力的关系曲线

(d)面积与充灌压力的关系曲线

图 2-13　土工膜管袋几何参数与充灌压力的关系曲线

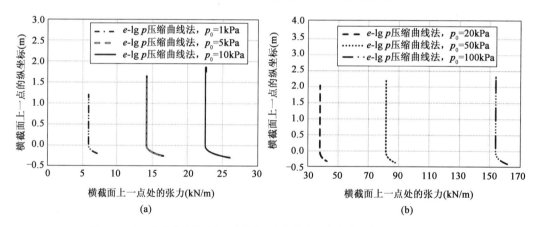

(a)

(b)

图 2-14　土工膜管袋横截面上一点的纵坐标与该点处张力随充灌压力的关系曲线

2）参数分析

为研究土工膜管袋主要参数对其横截面和张力的影响,本节对主要参数进行了分析。分析过程中以土工膜管袋截面周长 L、充灌液体重度 γ 和充灌压力 p_0 为已知参数。地基土总厚度假定为10m,并分为10层。地基土孔隙比为 e_0,相对重度为 G_s,土体重度为 γ_s 且 $\gamma_s = \gamma_w (G_s + e_0)/(1 + e_0)$,土体压缩系数 C_c 和再压缩系数 C_r 除以 $(1 + e)$ 为已知参数,土体前期固结压力 σ_0' 也为已知量。

为使计算结果具有普遍性,计算过程中参数选择为无量纲参数,其中充灌液体重度 γ 和地基土重度 γ_s 均除以水的重度 γ_w,几何参数如土工膜管袋沉降 H_f、高度 H、宽度 B 和土工膜管袋与地基土接触宽度 b 均除以土工膜管袋截面周长 L，土工膜管袋截面面积 A 除以 L^2，充灌压力 p_0 除以 $\gamma_w L$，土工膜管袋张力 T 除以 $\gamma_w L^2$。地基土的超固结比 OCR 假定为 1.0。

图 2-15 给出了土工膜管袋无量纲高度与充灌压力之间的关系曲线。图中给出了 4 种软土地基土常见参数对土工膜管袋高度的影响，同时也包括刚性地基的情况[60-62]。由图可以看出，无量纲充灌压力小于 0.22 时，各曲线相对集中。但无量纲充灌压力大于 0.22 时，曲线开始发散。这主要是由于当无量纲充灌压力小于 0.22 时，土工膜管袋本身重量较轻，其相对沉降量也较小。而当无量纲充灌压力大于 0.22 时，土工膜管袋本身较重，地基土强度对其相对沉降量影响变大。因此，无量纲充灌压力 0.22 也为常见土工膜管袋推荐的设计参数。当无量纲充灌压力为 0.22，土工膜管袋置于软弱地基土 $[C_c/(1+e_0)=0.25]$ 时，其高度要比其置于刚性地基土时小 13.5%。

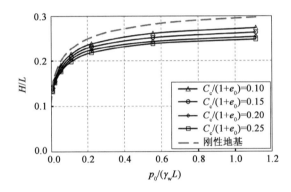

图 2-15　土工膜管袋无量纲高度与充灌压力间的关系曲线

图 2-16 给出了土工膜管袋无量纲沉降量与充灌压力之间的关系曲线。地基土参数对土工膜管袋沉降量具有较大影响。例如，当 $p_0/(\gamma_w L)=0.22$，$C_c/(1+e_0)$ 由 0.1 增加到 0.25 时，土工膜管袋沉降量增加高达 123%。

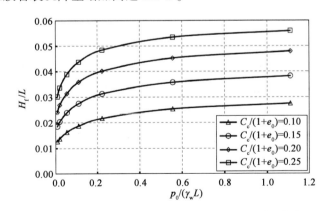

图 2-16　土工膜管袋无量纲沉降量与充灌压力间的关系曲线

不同地基土参数时，土工膜管袋无量纲宽度 B/L 与充灌压力 $p_0/(\gamma_w L)$ 之间的关系见图 2-17。由图可以看出，无量纲宽度 B/L 和 $p_0/(\gamma_w L)$ 之间的关系为非线性曲线，B/L 随

$p_0/(\gamma_w L)$ 的增加而减小,且不同地基参数时关系曲线集中于一条,$C_c/(1+e_0)$ 对无量纲宽度 B/L 的影响较小,土工膜管袋置于软土地基时的无量纲宽度 B/L 只比其置于刚性地基时小 0.3%。因此,可以假定无量纲宽度 B/L 并不受软土地基强度的影响,可由刚性地基的计算方法进行设计计算。这主要是由于本方法在考虑地基土变形时,并未考虑地基土的侧向变形,而是假定地基土为无数相对独立的竖直土条。同样,土工膜管袋无量纲面积 A/L^2、无量纲张力 $T/(\gamma_w L^2)$ 与充灌压力 $p_0/(\gamma_w L)$ 之间的关系曲线分别见图 2-18 和图 2-19。由图可见,无量纲张力只受充灌压力的影响,而受软土地基参数的影响较小。

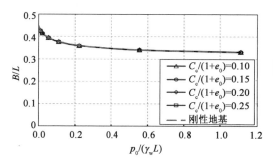

图 2-17　宽度与充灌压力间的关系曲线

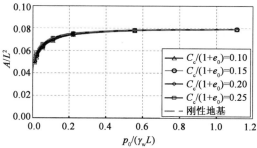

图 2-18　面积与充灌压力间的关系曲线

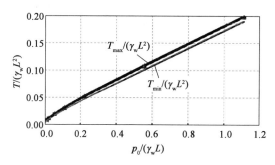

图 2-19　张力与充灌压力间的关系曲线

2.2.3　数值分析法

如前所述,弹性地基梁法和压缩曲线法各自有其局限性。弹性地基梁法未考虑地基土的不均匀性和附加压力在地基土中的非线性分布。压缩曲线法虽然考虑了附加压力的不均匀分布和地基土的不均匀性影响,但它在模拟土体变形时,假定土体为有限相互独立的竖条,忽略了土条间的剪应力。为验证以上两种方法的准确性,本节采用了数值方法对弹性地基梁法和压缩曲线法的计算结果进行了对比分析。

1)模型和材料性质

数值模型如图 2-20 所示,地基土高度为 10m,宽度为 20m,土工膜管袋底部 8m 宽到 4m 深范围内为 $0.1m \times 0.1m$ 的细密网格,模型中其余网格尺寸均为 $0.2m \times 0.2m$,两种网格彼此连接。地基土两侧约束水平方向变形,网格底部的竖直和水平方向变形固定。

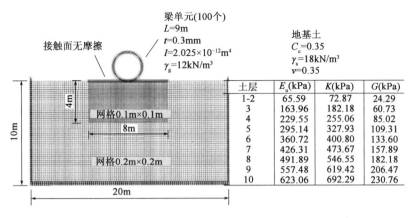

图 2-20　土工膜管袋和地基土数值模型

数值计算中,土工膜管袋采用 100 个梁单元进行模拟,其周长 L 取为 9m,土工膜的厚度 t 取 0.3mm。梁单元的惯性矩计算为 $1.0 \times t^3/12 = 2.025 \times 10^{-12}\,\mathrm{m}^4$。土工膜管袋内部充灌液体的重度为 $12\mathrm{kN/m}^3$。由于 FLAC 软件中的均布荷载并不能直接施加在梁单元上,充灌液体静水压力的模拟需要将梁单元上的均布荷载转换成施加在节点上的点荷载,如图 2-21 所示。转换完成后,在 FLAC 软件中使用动态分析求得最终平衡状态。在每个计算步中,梁单元节点力的转换可以根据下式进行计算:

$$P_x = p_{n2}\left(\frac{y_{n+1} - y_n}{2}\right) + p_{n1}\left(\frac{y_n - y_{n-1}}{2}\right) \tag{2-20}$$

$$P_y = p_{n2}\left(\frac{x_{n+1} - x_n}{2}\right) + p_{n1}\left(\frac{x_n - x_{n-1}}{2}\right) \tag{2-21}$$

$$p_{n1} = p_0 + \gamma\left[H - \left(y_n - \frac{y_n - y_{n-1}}{4}\right)\right] \tag{2-22}$$

$$p_{n2} = p_0 + \gamma\left[H - \left(y_n - \frac{y_{n+1} - y_n}{4}\right)\right] \tag{2-23}$$

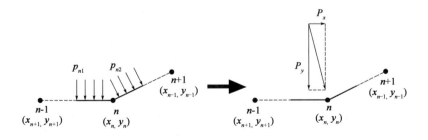

图 2-21　梁单元上静水压力到点荷载的转换计算简图[37]

式中,γ 为充灌液体的重度;H 为土工膜管袋的高度;p_0 为充灌压力;P_x 为静水压力转化后的点荷载水平分量;P_y 为静水压力转化后的点荷载的垂直分量。

由于地基土中任意一点的应力状态对应于地基土压缩曲线上的一点,地基的弹性模量 E_u 可以通过附加应力曲线并由以下公式求得[63]:

$$E_u = \lim_{\Delta P \to 0} \frac{(1+\nu)(1-2\nu)}{1-\nu} \frac{1+e_0}{\frac{C_c}{\Delta P} \lg \frac{P_1 + \Delta P}{P_1}} = \frac{(1+\nu)(1-2\nu)}{1-\nu} \frac{1+e_0}{C_c} p_1 \ln 10 \quad (2\text{-}24)$$

地基土的体积模量 K 和剪切模量 G 分别采用下式计算:

$$K = \frac{E_u}{2(1+\nu)} \quad (2\text{-}25)$$

$$G = \frac{E_u}{3(1-2\nu)} \quad (2\text{-}26)$$

数值模拟中,地基土压缩指数 C_c 取 0.35,重度 γ_s 取 18kN/m³,泊松比 ν 取 0.35,地下水位线与地表面齐平。计算所得土层性质见图 2-20。土工膜管袋与地基土之间的接触面使用接触对进行模拟,并忽略两者之间的摩擦力,剪切刚度取 50MPa/m[21],其他参数见图 2-20。

为考虑地基土初始地应力的影响,本节将数值计算过程分为两个静态步:第一步为建立地基土自重、静水压力和地基土变形之间的初始地应力平衡状态;第二步为将静水压力转换为节点力并施加到梁单元节点上,建立地基土和土工膜管袋整个系统的最终平衡状态,并求得土工膜管袋的最终断面形状和张力分布。

2)数值计算结果

图 2-22 给出了当充灌压力为 1kPa、5kPa、10kPa、20kPa、50kPa、100kPa 时土工膜管袋在柔性地基土上的平衡状态。由图可见,当充灌压力较小时,土工膜管袋横截面的形状几乎为扁平状[图 2-22(a)];随着充灌压力的增加,土工膜管袋逐渐膨胀,呈近似圆形[图 2-22(f)]。同时,较圆的土工膜管袋也将引起地基土较大的沉降变形。

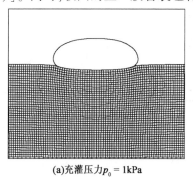
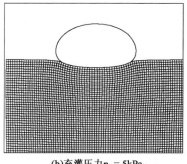

(a)充灌压力$p_0 = 1$kPa   (b)充灌压力$p_0 = 5$kPa

图 2-22

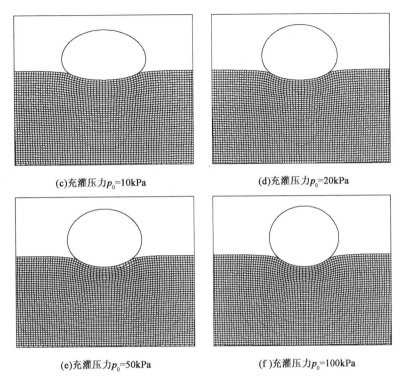

(c)充灌压力p_0=10kPa (d)充灌压力p_0=20kPa

(e)充灌压力p_0=50kPa (f)充灌压力p_0=100kPa

图 2-22　土工膜管袋随充灌压力变化数值模拟结果(地基土参数 $C_c=0.35$,

$e_0=1.0$, $\gamma=18\text{kN/m}^3$;土工膜管袋参数 $L=9.0\text{m}$, $\gamma=12\text{kN/m}^3$)

在不同充灌压力作用下,地基土内的有效应力分布见图 2-23。由图可见,土工膜管袋的影响范围主要在距地表 5m 范围以内。地表 5m 范围以下土体中的有效应力分布几乎与初始有效应力分布相同,这说明了以 10m 土层深度进行数值建模是足够的。有效应力在土工膜管袋下方增长较快,云图中显示为较大的有效应力云图层穿过较小的云图层。土工膜管袋两侧土体的有效应力较初始状态有所减小,这意味着这些区域的土体有被隆起的趋势,且较高充灌压力的土工膜管袋造成土工膜管袋周边隆起的范围加大。

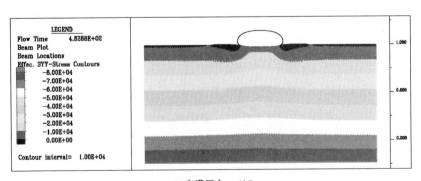

(a)充灌压力p_0=1kPa

图　2-23

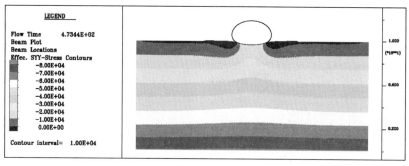

(b)充灌压力p_0=10kPa

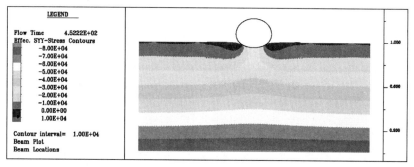

(c)充灌压力p_0=50kPa

图2-23 土体中有效应力分布和土工膜管袋位置轮廓图(地基土参数C_c=0.35,e_0=1.0,

γ=18kN/m³;土工膜管袋参数L=9.0m,γ=12kN/m³)

3)对比弹性地基梁法计算结果

弹性地基梁法假设土体为无限线性弹簧,不能考虑附加压力在土体中的不均匀分布和土体的不均匀性影响。为保证与弹性地基梁法的计算参数相统一,数值分析中的土层取为均质土。土体参数取整个地基土中间土层的参数,即图2-20中第5层土体的参数:弹性模量E_u=295kPa,泊松比ν=0.35,剪切模量K=328kPa,体积模量G=109.3kPa。土工膜管袋的周长L=9m,土工合成材料的厚度t=0.3mm。模型中对应的梁单元的惯性矩为2.025×10^{-12}m⁴。土工膜管袋内充灌液体的重度为γ=12kN/m³。使用弹性地基梁法进行对比计算时,地基土的基床系数可以由E_u=295kPa和式(2-2)、式(2-3)进行计算,并假设顶部基础面积A=10m²,计算结果为K_f=111kPa/m。

使用弹性地基梁法和数值方法所计算得到的土工膜管袋横截面见图2-24,计算所采用的充灌压力为1kPa、5kPa、20kPa。由图可以看出,弹性地基梁法计算所得到的地基土变形较大,土工膜管袋截面埋入地表较深,由数值方法获得的沉降值略小于弹性地基梁法所计算的沉降值。主要原因为弹性地基梁法中,地基土被模拟成了无数个弹簧,弹簧间的相互作用并不能完全考虑。因此,如果完全按照弹性地基梁法进行土工膜管袋计算,所求得的沉降结果偏大,土工膜管袋偏矮,设计结果偏于保守。

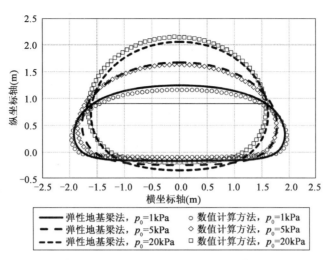

图2-24　数值方法与弹性地基梁法所得土工膜管袋横截面形状的比较

　　为进一步研究弹性地基梁法所计算的土工膜管袋各几何参数的准确性,本节对比了数值方法与弹性地基梁法所计算的土工膜管袋横截面几何参数,见图2-25。由图2-25(a)可以看出,土工膜管袋高度在充灌压力小于10kPa时,两者差别较小;当充灌压力大于20kPa,弹性地基梁法所计算的高度明显小于数值计算方法,两者大约相差5%。对于土工膜管袋沉降深度 H_f,弹性地基梁法所计算的结果明显小于数值方法,见图2-25(b)。由弹性地基梁法和数值方法获得的横截面宽度两者较为吻合,见图2-25(c)。土工膜管袋截面面积在充灌压力小于10kPa时,弹性地基梁法计算的结果稍大,见图2-25(d);当充灌压力大于20kPa,两者没有太大差别,说明土工膜管袋整体刚度较大,弹性地基梁法所计算的结果表示土工膜管袋整体沉入地基土。

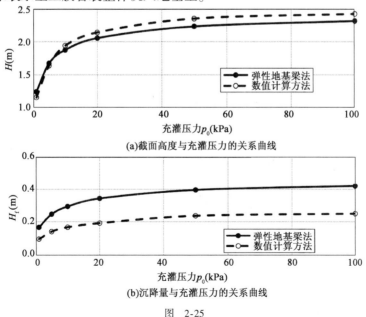

图　2-25

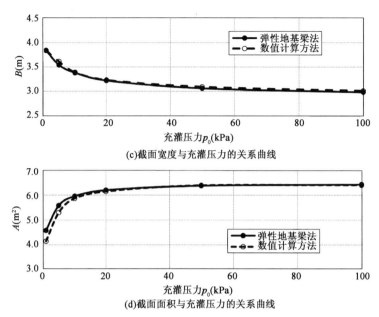

(c)截面宽度与充灌压力的关系曲线

(d)截面面积与充灌压力的关系曲线

图 2-25　数值方法与弹性地基梁法所得横截面几何参数的对比

为进一步分析弹性地基梁法所得土工膜管袋张力的准确性,图 2-26 给出了数值方法与弹性地基梁法所得土工膜管袋横截面上一点的纵坐标与该点处张力随充灌压力的关系曲线。数值模拟中,该点的张力为梁单元节点上的轴向力,其结果可以直接由 FLAC 软件输出。对比结果表明,数值分析所得土工膜管袋张力为均匀分布。弹性地基梁法的计算结果中,最大张力位于土工膜管袋与地基土接触面的中心点处。如果按照弹性地基梁法进行土工膜管袋设计,张力可以取土工膜管袋未与地面接触段的张力值,计算结果较为准确。如果按照弹性地基梁法所计算的最大张力进行土工膜管袋的设计,所使用的土工膜管袋强度会高于所需要的强度,设计结果偏于保守。

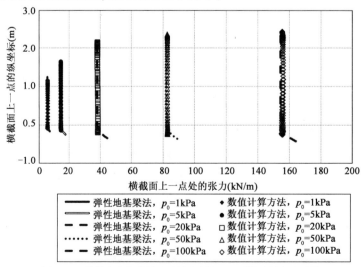

图 2-26　数值方法与弹性地基梁法所得土工膜管袋张力的比较

4)对比压缩曲线法计算结果

压缩曲线法相比于弹性地基梁法,也有自己的优点。压缩曲线法可以考虑附加应力在土体内部的非线性分布,且其需要的地基土计算参数皆可根据试验测得。为研究压缩曲线法的准确性,本书将压缩曲线法计算结果与数值计算结果进行了对比和验证。为保证两种方法计算参数的统一性,数值计算中的土层参数采用图 2-20 所示的土层参数。土工膜管袋的周长 L 取 9m,土工合成材料的厚度 t 取 0.3mm,模型中对应的梁单元惯性矩为 $2.025 \times 10^{-12} m^4$,土工膜管袋内充灌液体的重度 $\gamma = 12kN/m^3$。使用压缩曲线法(见第2.2.2 节)进行对比计算时,土体重度 $\gamma_s = 18kPa$,土体压缩系数 $C_c = 0.35$,超固结比 OCR $= 1.0$,地下水面在地表,土体前期固结压力 σ_0' 根据土体自重有效应力计算。

图 2-27 给出了充灌压力为 1kPa、5kPa、10kPa、20kPa、50kPa、100kPa 时数值方法与压缩曲线法所计算的土工膜管袋横截面形状。由图可以看出,压缩曲线法所计算的土工膜管袋横截面高度较数值方法所得的结果稍大,土工膜管袋下沉量较小。主要原因为压缩曲线法中,地基土被模拟成了无数土条,土条间的相互作用以及地基土的侧向变形不能完全考虑,因此所计算的沉降只为一维沉降。

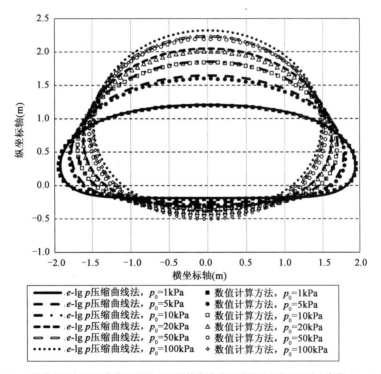

图 2-27 数值方法与压缩曲线法所得土工膜管袋横截面形状的比较(地基土参数 $C_c = 0.35$,$e_0 = 1.0$,$\gamma_s = 18kN/m^3$;土工膜管袋参数 $L = 9.0m$,$\gamma_w = 12kN/m^3$)

为进一步研究压缩曲线法所计算的土工膜管袋各几何参数的准确性,本节对比了数值方法与压缩曲线法所计算的土工膜管袋横截面几何参数,见图 2-28。由图 2-28(a)可知,土工膜管袋高度在充灌压力小于 10kPa 时,两者差别较小,当充灌压力大于 20kPa,压缩曲线法所计算的土工膜管袋高度明显大于数值方法,两者最大误差约 5%。对于土工膜管袋下沉深度 H_f,压缩曲线法所计算的结果明显小于数值方法,见图 2-28(b),主要原因为压缩曲线法不能考虑地基土的侧向变形。由压缩曲线法和数值方法获得的横截面宽度和面积,二者分别较为吻合,如图 2-28(c)和图 2-28(d)所示。

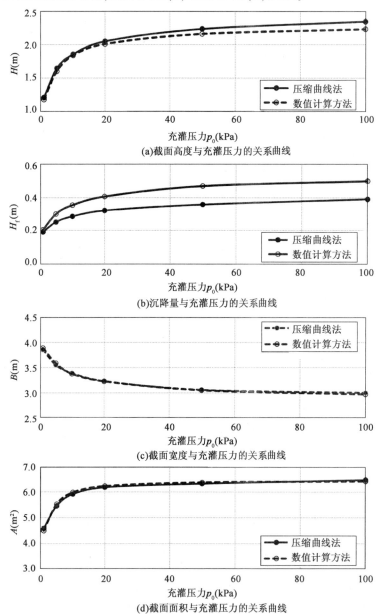

图 2-28　数值方法与压缩曲线法所得土工膜管袋横截面几何参数的对比(地基土参数 $C_c = 0.35, e_0 = 1.0, \gamma_s = 18\text{kN/m}^3$;土工膜管袋参数 $L = 9.0\text{m}, \gamma_w = 12\text{kN/m}^3$)

　　为进一步研究压缩曲线法所得土工膜管袋张力的准确性,图 2-29 给出了数值方法与压缩曲线法所得的土工膜管袋横截面上一点的纵坐标与该点处张力随充灌压力的关系曲线。结果表明,数值分析所得的土工膜管袋张力为均匀分布。主要原因为计算过程中并未考虑地基土与土工膜管袋间的摩擦作用。在压缩曲线法的结果中,最大张力位于土工膜管袋与地基土接触面的中心点处。同样,如果土工膜管袋按照压缩曲线法所得的未与地面接触位置处的张力进行设计计算,结果较为准确。如果按照压缩曲线法所计算的最大张力进行土工膜管袋的设计,所需材料强度偏高,设计会偏于保守。

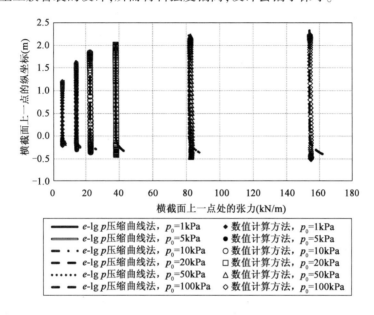

图 2-29　数值方法与压缩曲线法所得土工膜管袋张力的对比

2.3　刚性地基

假如地基土的强度较高,如 $K_f > 1000\text{kPa/m}$,地基土的沉降对其截面和受力所产生的影响基本可以忽略,此时的地基土可以假定为刚性地基,而忽略地基土变形的影响。对置于刚性地基上的土工膜管袋计算,已有较多学者提出了理论分析方法[12,33,64]。由于所求得的土工膜管袋计算式需要进行微分方程组的求解,从而需要编写复杂的计算程序,这对于土工膜管袋的参数分析和工程设计是较为不方便的。计算程序对使用者而言为黑匣子,无形中限制了土工膜管袋设计方法的透明化和规范化。

2.3.1　计算理论

本节重新推导了土工膜管袋横截面和土工膜管袋张力的计算理论,并与现有计算方法和大型室内模型试验结果进行了比较和验证。本节所提出的计算方法,仅适用于不透水土工膜管袋或刚充灌完成时处于极限状态的土工膜管袋计算。

土工膜管袋横截面和土工膜管袋张力的计算理论推导过程,所使用的基本假定有:

(1)土工膜管袋足够长,可视为平面应变问题;

(2)土工织物足够薄,可忽略其质量及抗弯刚度的影响;

(3)土工膜管袋与充灌液体及与刚性地基间的摩擦力很小,可以忽略不计;

(4)土工膜管袋的张力沿截面周长方向完全相同;

(5)土工膜管袋内所充灌液体均匀,且土工膜管袋不受外部水压力的作用。

上述假定也同样被现有的计算方法所采用[13,34,65-66]。

由于土工膜管袋的截面形状为轴对称结构,推导过程中只取一半截面作为研究对象,如图2-30(a)所示。土工膜管袋充灌液体重度用 γ 表示,充灌压力为 p_0。坐标轴的选定以竖向为 x 轴,水平向为 y 轴,坐标原点取土工膜管袋截面的顶点。土工膜管袋的宽度、高度以及其与地基土的接触宽度分别定义为 B、H 和 b。土工膜管袋横截面上的张力用 T 表示。由于土工膜管袋横截面对称且平滑过渡,图2-30(a)中 O 点处的张力方向为水平方向,以该横截面为研究对象,由水平方向的受力平衡可以得到:

$$T = (p_0 H + \frac{1}{2}\gamma H^2)/2 \tag{2-27}$$

土工膜管袋截面上任意一点 $S(x,y)$ 处的长度为 $\mathrm{d}s$ 的微元,见图2-30(b),可以假定为无穷小的圆弧,且圆弧圆心为 C 点,半径为 r。关于该圆弧的几何参数间的关系可以表示为:

$$y' / \sqrt{1 + y'^2} = \sin\theta \tag{2-28}$$

$$y' = \mathrm{d}y/\mathrm{d}x = \tan\theta \tag{2-29}$$

$$\frac{\mathrm{d}T}{\mathrm{d}s} = 0 \tag{2-30}$$

$$\frac{\mathrm{d}\theta}{\mathrm{d}s} = \frac{1}{r} = \frac{1}{T}(p_0 + \gamma x) \tag{2-31}$$

如果取图2-30(c)中的曲线 OS 段为研究对象,且定义点 $S(x,y)$ 处切线与 x 轴的夹角为 θ,则作用在 OS 段的水平压力为 $p_0 + \gamma x$,由水平方向上的受力平衡可以得到:

$$T - T\sin\theta = \int_0^S (p_0 + \gamma x)\mathrm{d}s\sin\theta = \int_0^x (p_0 + \gamma x)\mathrm{d}x = p_0 x + \frac{1}{2}\gamma x^2 \tag{2-32}$$

由式(2-32)可以推导出:

$$\sin\theta = 1 - (p_0 x + \frac{1}{2}\gamma x^2)/T \tag{2-33}$$

由式(2-33)可以求出 x 的值($x < 0$ 的根可以忽略掉):

$$x = \frac{1}{\gamma}\left[-p_0 + \sqrt{p_0^2 + 2\gamma T(1 - \sin\theta)} \right] \tag{2-34}$$

结合式(2-28)、式(2-29)和式(2-34)可以推导出:

$$\frac{\mathrm{d}y}{\mathrm{d}\theta} = -\frac{T\sin\theta}{\sqrt{p_0^2 + 2\gamma T(1 - \sin\theta)}} \tag{2-35}$$

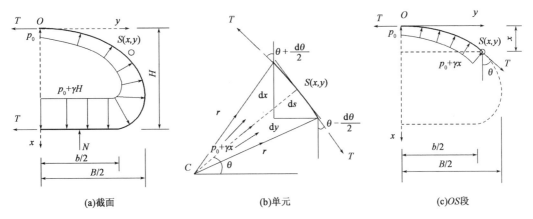

(a)截面   (b)单元   (c)OS段

图 2-30   刚性地基上的土工膜管袋计算分析简图

对式(2-35)中 θ 进行积分,并且结合边界条件 $\theta = 0$ 时 $y' = 0$,可以得出土工膜管袋横截面上任意一点的 y 坐标为:

$$y = -\sqrt{\frac{T}{2\gamma}} \int \left(\sqrt{Q - \sin\theta} - \frac{Q}{\sqrt{Q - \sin\theta}} \right) \mathrm{d}\theta \tag{2-36}$$

式中,Q 为充灌压力系数,且 $Q = 1 + p_0^2/(2\gamma T)$。

如果给出充灌液体重度 γ,充灌压力 p_0,土工膜管袋的高度 H,并结合边界条件 $x = 0$,$\theta = \pi/2$ 和 $x = H$,$\theta = -\pi/2$,土工膜管袋的张力和截面形状就可以分别由式(2-27)、式(2-34)和式(2-36)求得。由于式(2-36)中包含第一类和第二类椭圆积分,该式没有解析解,需要用数值算法进行求解计算。本节使用变步长 Runge-Kutta-Merson(RKM4)[67-68] 方法对以上方程组进行求解,求解步骤为:

(1)输入已知参数 γ、p_0、H;

(2)由式(2-27)和式(2-33)分别计算 T、$\sin\theta$,并计算 $Q = 1 + p_0^2/(2\gamma T)$;

(3)使用 RKM4 法求解式(2-34)和式(2-36),得到土工膜管袋横截面各点的坐标;

(4)如果截面周长 L 为已知量,求解方法将采用试算法。首先假定所求土工膜管袋截面高度 $H_{\text{try}} = L/\pi$,重复步骤(1)~(3),如果求解后的截面周长 $L_{\text{try}} \neq L$,修正 H_{try} 并重复步骤(1)~(3),直到 L_{try} 与 L 的差别小于 1.0×10^{-6}。

2.3.2   室内试验

大型室内模型试验在新加坡南洋理工大学岩土工程实验室开展[69]。试验中使用了 3 种土工膜管袋,模型 T1 的尺寸为 2m(长度)×1m(宽度),模型 T2 的尺寸为 3m(长度)×1.5m(宽度),模型 T3 的尺寸 4m(长度)×2m(宽度),采用自来水进行充灌。土工膜管袋的横截面形状使用 Micro-Epsilon 公司所生产的 ILD1700-750 激光位移传感器进行测量。

激光位移传感器固定在门形框架上，见图2-31，水平轴上点的坐标由固定在水平横梁上的标尺测得，竖向坐标由激光位移传感器测得。相比于接触式LVDT传感器，激光位移传感器无须与柔性土工膜管袋接触，减小了测量时对观测点处土工膜管袋形状的影响。

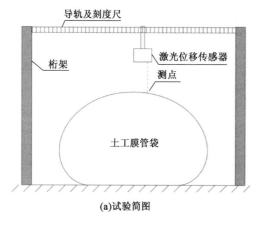

(a)试验简图   (b)土工膜管袋照片

图2-31　土工膜管袋模型试验

土工膜管袋的表面张力由沿其横截面粘贴的应变片进行测量。试验中所使用的应变片为WFLA-6-11-3L型防水应变片，尺寸为$25mm \times 11mm \times 1.5mm$，应变系数为2.1，量程为$2.0\%$，见图2-32(a)。整个应变片和导线连接处均使用透明柔性环氧树脂覆盖。由于横截面的对称性，应变片只沿其半圆粘贴，如图2-32(b)和图2-32(c)所示。模型T1和模型T3上的应变片粘贴间距为10cm，模型T2上的粘贴间距为15cm。应变片均连接到数据采集仪，如图2-32(d)所示。

由于应变片在使用快干强力胶粘贴到土工膜管袋时，硬化后的快干胶增加了其附着区域土工膜的刚度，因此，土工膜的张力计算不可以直接由所测得的应变乘以土工膜的弹性模量，须在试验前对应变片进行校准测试。为了确保校准测试的可靠性，本书对三个样品进行了校准试验。试验所用样品的宽度为5cm，样品两端固定到一对夹具中，见图2-33(a)。夹具间的长度为30cm。悬挂重物以施加拉力，所测拉力与应变片读数曲线如图2-33(b)所示。从图中可以看出，所施加应力和所测应变间的关系为线性关系，所测最大应变为0.5%。应当指出的是，本节模型试验中的应变片最大读数并没有超过0.5%，因此，图2-33(b)所示建立的校准关系可应用于本节所有室内模型试验。

模型试验过程中，土工膜管袋的弯曲会使应变片产生弯曲，从而产生由非拉力引起的应变，本节也通过一系列校准试验来尽量消除应变片弯曲对应变片读数的影响。校准试验中，将贴有应变片的土工膜分别轻轻地贴在直径为2.2cm、4.6cm、10cm和16.5cm的圆筒周围，如图2-34(a)所示。土工膜上并不施加荷载而测量应变的读数。试验所测得应变片读数与圆筒半径的关系如图2-34(b)所示。由图可以看出，圆筒半径越小，应变片读数越高，图中所示的关系曲线将应用在随后的数据分析中，以校正模型试验中原始应变片读数的弯曲效应。

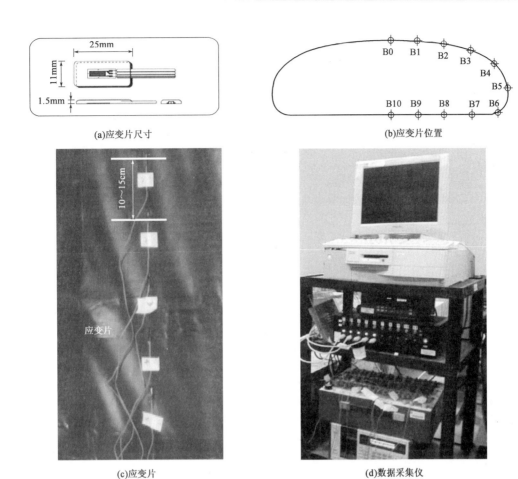

(a)应变片尺寸　　　　　　　　(b)应变片位置

(c)应变片　　　　　　　　(d)数据采集仪

图 2-32　土工膜管袋表面张力测量方法

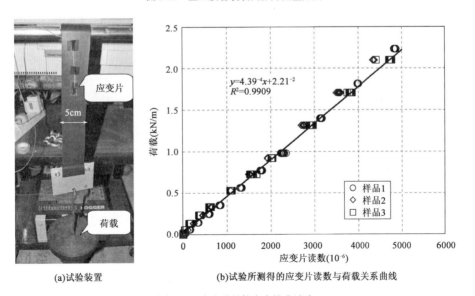

(a)试验装置　　　　　　　　(b)试验所测得的应变片读数与荷载关系曲线

图 2-33　应变片的拉应力校准试验

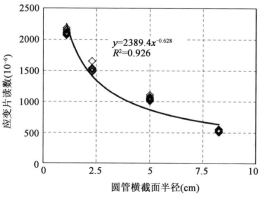

(a)试验装置   (b)圆筒半径与应变片读数关系曲线

图 2-34 应变片的弯曲效应校准试验

由于模型试验中所采用的充灌压力较小,采用传统孔压传感器进行孔隙水压力测量

图 2-35 土工膜管袋内静水压力测量方法

的方法将不具有足够的精度。因此,本试验中采用压力水头的方法进行测量,见图 2-35。通过该方法所得的水头为土工膜管袋内的总水头。充灌压力 p_0 可以通过自来水的重度 γ 乘以总水头 h_T 和土工膜管袋高度 H 之差来进行计算,即 $p_0 = \gamma(h_T - H)$。

为避免充灌前土工膜管袋内残留空气对土工膜管袋充灌完成后的截面形状产生影响,在充灌前使用真空泵对土工膜管袋内的空气进行了

抽取。模型 T3 的袋体形状随充灌压力变化如图 2-36 所示。当土工膜管袋充灌压力较小时,其上表面为平坦的,如图 2-36(a)所示。随着充灌压力的增加,土工膜管袋横截面渐渐趋于圆形,如图 2-36(b)和图 2-36(c)所示。

(a)H=0.42m, p_0=0.03kPa   (b)H=0.62m, p_0=0.49kPa

(c)H=0.876m, p_0=2.91kPa

图 2-36 模型 T3 在采用不同充灌压力进行充灌后的照片

2.3.3　计算理论与现有理论的比较

为验证所推导理论的准确性,本节将计算结果与现有计算方法进行了比较。首先,将计算方法与 Leshchinsky 等[33]提出的方法进行了比较,见表 2-2。计算中采用相同的输入参数,如 $L = 9\text{m}$ 和 $\gamma = 12\text{kN/m}^3$。这两组结果之间的差值百分比,表示两者之差的绝对值除以 Leshchinsky 等[33]结果的百分比。由表 2-2 可见,在各种充灌压力下,这两组结果差异都小于 4%。此外,还将本节计算方法与 Liu[80]、Kazimierowicz[34]、Silvester[70]提出的计算方法进行了比较,计算结果分别见表 2-3 ~ 表 2-5。可见本书方法与现有的计算方法都吻合得较好,从而验证了本书所推导理论的准确性。

本书方法与 Leshchinsky 等[33]计算方法的比较($L = 9\text{m}, \gamma = 12\text{kN/m}^3$)　　表 2-2

p_0 (kPa)	来源	H		B		A		T	
		数值 (m)	差值 (%)	数值 (m)	差值 (%)	数值 (m²)	差值 (%)	数值 (kN/m)	差值 (%)
0	Leshchinsky 本书方法	0.90 0.90	0.00	4.09 4.08	0.24	3.36 3.23	3.87	2.50 2.40	4.00
4.8	Leshchinsky 本书方法	1.80 1.79	0.56	3.60 3.57	0.83	5.56 5.35	3.78	14.60 13.90	4.79
6.9	Leshchinsky 本书方法	2.00 1.90	5.00	3.64 3.49	4.12	5.76 5.56	3.47	18.10 17.60	2.76
34.5	Leshchinsky 本书方法	2.50 2.40	4.00	3.21 3.13	2.49	6.45 6.25	3.10	61.70 59.80	3.08
52.4	Leshchinsky 本书方法	2.60 2.50	3.85	3.13 3.06	2.24	6.51 6.33	2.76	87.50 86.00	1.71
103.5	Leshchinsky 本书方法	2.70 2.70	0.00	3.00 2.98	0.67	6.57 6.40	2.59	162.00 159.80	1.36
122.8	Leshchinsky 本书方法	2.70 2.70	0.00	2.96 2.96	0.00	6.57 6.41	2.44	189.70 187.60	1.11
593.4	Leshchinsky 本书方法	2.90 2.80	3.45	2.96 2.89	2.36	6.66 6.44	3.30	875.00 862.70	1.41

本书方法与 Liu[64]模型试验结果的比较($\gamma = 10\text{kN/m}^3$)　　表 2-3

p_0 (kPa)	L (m)	来源	H		B		b		d	
			数值 (m)	差值 (%)	数值 (m)	差值 (%)	数值 (m)	差值 (%)	数值 (m)	差值 (%)
1.56	0.93	Liu 本书方法	0.23 0.231	0.43	0.34 0.337	0.88	0.18 0.186	3.17	0.09 0.10	5.56
0.16	0.93	Liu 本书方法	0.16 0.153	4.38	0.34 0.388	14.12	0.31 0.318	2.58	0.05 0.048	4.00
1.04	1.04	Liu 本书方法	0.24 0.238	0.83	0.41 0.391	4.63	0.25 0.246	1.60	0.09 0.089	1.11

本书方法与 Kazimierowicz[70] 计算方法的比较（$L=3.6\text{m}, \gamma=14\text{kN/m}^3$）　　表 2-4

p_0 (kPa)	来源	H		b		T	
		数值（m）	差值（%）	数值（m）	差值（%）	数值（kN/m）	差值（%）
17.5	Kazimierowicz	1.00	1.50	0.46	1.09	11.80	0.85
	本书方法	0.99		0.46		11.90	
10.4	Kazimierowicz	0.90	0.33	0.64	1.25	6.80	0.49
	本书方法	0.90		0.65		6.77	
4.6	Kazimierowicz	0.80	1.75	0.84	2.14	4.00	2.83
	本书方法	0.81		0.82		4.11	
3.0	Kazimierowicz	0.70	8.29	0.96	3.65	2.70	15.48
	本书方法	0.76		0.89		3.03	

本书方法与 Silvester[70] 计算方法的比较（$L=3.6\text{m}, \gamma=19.6\text{kN/m}^3$）　　表 2-5

p_0 (kPa)	来源	H		B		b		A		T	
		数值（m）	差值（%）	数值（m）	差值（%）	数值（m）	差值（%）	数值（m²）	差值（%）	数值（kN/m）	差值（%）
24.89	Silvester	1.00	1.50	1.27	1.89	0.46	0.43	1.05	3.81	17.41	2.30
	本书方法	0.99		1.25		0.46		1.01		17.01	
12.54	Silvester	0.90	0.33	1.32	1.44	0.65	0.77	0.99	2.02	10.05	3.78
	本书方法	0.90		1.30		0.65		0.97		9.67	
6.47	Silvester	0.80	1.25	1.39	2.16	0.82	0.00	0.95	2.95	5.76	2.08
	本书方法	0.81		1.36		0.82		0.92		5.88	
4.31	Silvester	0.70	8.57	1.45	3.45	0.94	1.06	0.89	2.25	4.15	7.23
	本书方法	0.76		1.40		0.93		0.87		4.45	
1.96	Silvester	0.60	8.33	1.50	2.27	0.94	14.89	0.81	0.25	2.51	8.76
	本书方法	0.65		1.47		1.08		0.81		2.73	
1.76	Silvester	0.50	28.00	1.55	5.16	0.94	17.02	0.74	6.76	2.01	24.38
	本书方法	0.64		1.47		1.10		0.79		2.50	

2.3.4　计算理论与模型试验结果比较

为验证计算理论的准确性,对本节所提出的计算结果与室内模型试验的结果进行了比较。计算中的充灌自来水重度假定为 9.81kN/m^3。三个土工膜管袋模型的周长(模型 T1 为 2m,模型 T2 为 3m,模型 T3 为 4m)和模型试验所量测的充灌压力 p_0 作为已知条件。

理论计算与模型测试所得到的模型 T1、T2 和 T3 的横截面分别见图 2-37 ~ 图 2-39。由图可知,理论计算所得的横截面高度比模型试验的结果略高。这是由于试验所测水头为通过压力计管测量的,压力计管的垂直度和人为读数的误差使得充灌压力的数值会有少许误差。但总体来看,理论计算结果与模型试验结果吻合良好,满足工程精度的一般要求。

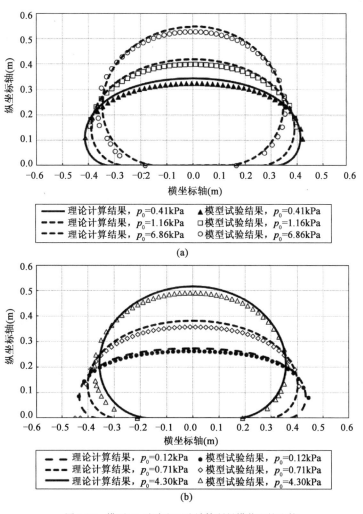

(a)

理论计算结果，p_0=0.41kPa　模型试验结果，p_0=0.41kPa
理论计算结果，p_0=1.16kPa　模型试验结果，p_0=1.16kPa
理论计算结果，p_0=6.86kPa　模型试验结果，p_0=6.86kPa

(b)

理论计算结果，p_0=0.12kPa　模型试验结果，p_0=0.12kPa
理论计算结果，p_0=0.71kPa　模型试验结果，p_0=0.71kPa
理论计算结果，p_0=4.30kPa　模型试验结果，p_0=4.30kPa

图2-37　模型T1试验和理论计算所得横截面的比较

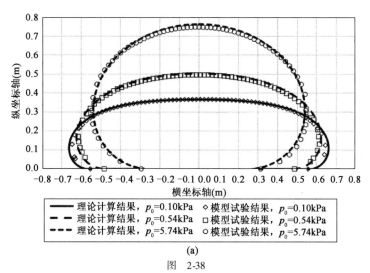

(a)

理论计算结果，p_0=0.10kPa　模型试验结果，p_0=0.10kPa
理论计算结果，p_0=0.54kPa　模型试验结果，p_0=0.54kPa
理论计算结果，p_0=5.74kPa　模型试验结果，p_0=5.74kPa

图　2-38

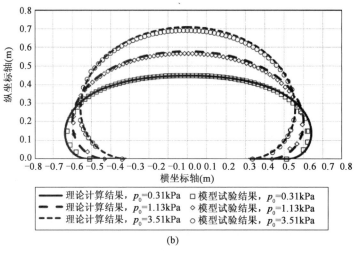

(b)

图 2-38　模型 T2 试验和理论计算所得横截面的比较

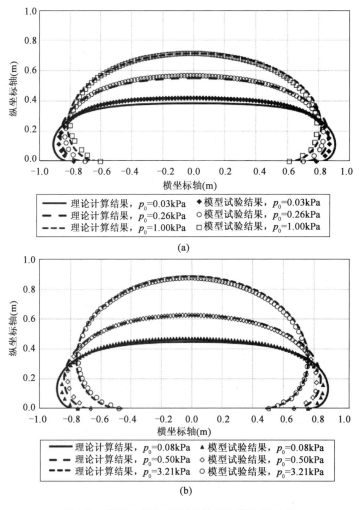

图 2-39　模型 T3 试验和理论计算所得横截面的比较

为比较不同土工膜管袋的周长所进行的模型试验的结果,本书对三个土工膜管袋模型的高度 H、宽度 B 和充灌压力 p_0 进行了无量纲化处理,其中 H 和 B 除以土工膜管袋模型周长 L,充灌压力 p_0 除以 γL。理论计算过程中,则将土工膜管袋的横截面周长设为 $L=1.0$,充填泥浆的重度设为 $\gamma=1.0$ 来进行计算。无量纲充灌压力的取值范围为 $0.0 \sim 1.0$。

模型试验与理论计算所得无量纲充灌压力与无量纲宽度和高度关系曲线见图 2-40。该图表明,所有的试验数据都符合单一非线性关系,并与理论结果吻合较好。图 2-40(a)表明,无量纲高度随无量纲充灌压力的增长呈现非线性增长的趋势。当无量纲充灌压力小于 0.2 时,无量纲高度增长速率较快。当无量纲充灌压力大于 0.2 时,无量纲高度增长速率变缓,直至稳定。图 2-40(b)表明,无量纲宽度随无量纲充灌压力的增长呈现非线性减小的趋势。当无量纲充灌压力小于 0.2 时,无量纲宽度减小速率较快。当无量纲充灌压力大于 0.2 时,无量纲宽度减小速率变缓,直至稳定。无量纲宽度和高度的极限值即为圆形截面的直径 0.319。

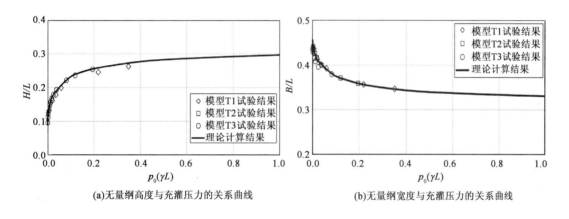

(a)无量纲高度与充灌压力的关系曲线　　　　(b)无量纲宽度与充灌压力的关系曲线

图 2-40　理论计算与模型测试所得到无量纲充灌压力与宽度和高度关系曲线的比较

图 2-41 ～ 图 2-43 分别为模型试验 T1 ～ T3 与理论计算所得到的土工膜管袋表面张力对比曲线。结果表明,模型试验与理论计算方法所得结果较为吻合。但模型试验所测得底角处的张力远高于理论计算所得的张力,特别是当充灌压力较小时会出现此特征,如图 2-41(a)中的 A 点。一种可能的原因是土工膜管袋在此处的弯曲曲率较大,矫正方法并不能够完全消除弯曲量对应变片读数的影响。随着土工膜管袋横截面变圆,张力增大,两种结果的差别越来越小。另一方面,本节所提出的理论计算方法并不能考虑土工膜管袋与混凝土底板之间的摩擦力,模型试验获得的土工膜管袋表面张力沿着与地面的接触表面从外到中心越来越小,并小于理论计算所得的张力,如图 2-41(a)中的 B 点和 C 点所示。

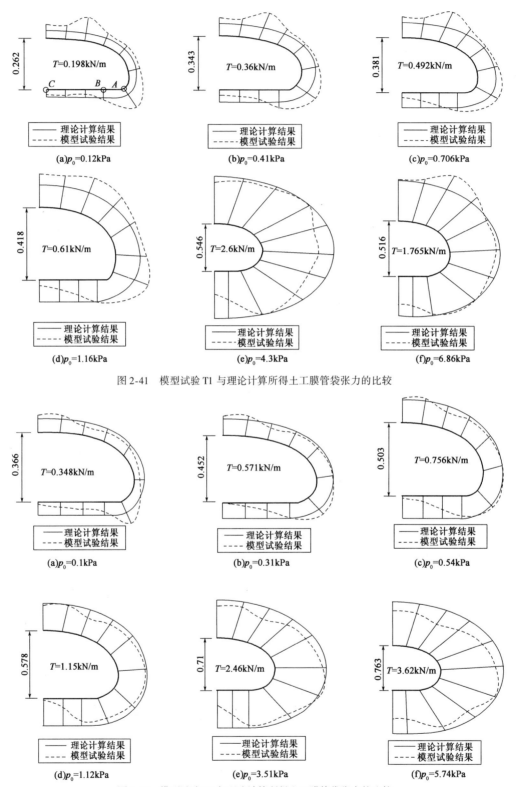

图 2-41　模型试验 T1 与理论计算所得土工膜管袋张力的比较

图 2-42　模型试验 T2 与理论计算所得土工膜管袋张力的比较

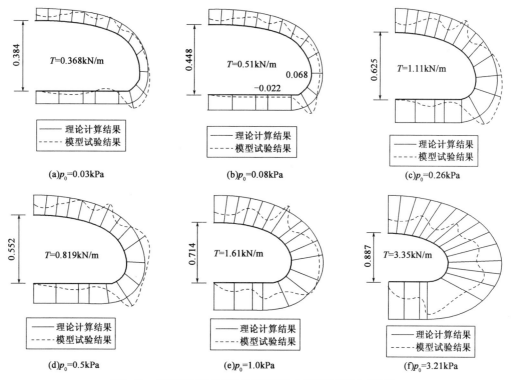

图 2-43　模型试验 T3 与理论计算所得的土工膜管袋张力的比较

2.4　简化计算

2.4.1　图表方法

由第 2.3.1 节讨论可知,式(2-36)中包含了第一类与第二类椭圆积分,该方程并没有解析解,须通过数值方法进行迭代计算而求解。然而,如果我们在计算过程中采取一些近似的简化计算方法,则可以推导出近似解析解。本节采用如下式进行近似求解:

$$\sqrt{Q - \sin\theta} \approx \sqrt{Q} - \left(\sqrt{Q} - \sqrt{Q - 1}\right)\sin\theta \tag{2-37}$$

式(2-37)中等号两端计算所得数值的比较见图 2-44。由图可见,当充灌压力系数 $Q \geqslant 2$ 时,两条曲线非常接近,该近似方法在充灌压力系数 $Q \geqslant 2$ 时为有效的。

将式(2-37)代入式(2-36)中,并对方程进行积分,结合边界条件 $x = 0, y = 0, \theta = \pi/2$,则可以得到土工膜管袋横截面的几何形状近似方程为:

$$y = \sqrt{\frac{T}{2\gamma}} \left(\begin{aligned} &\sqrt{Q}\left(\theta - \frac{\pi}{2}\right) + \left(\sqrt{Q} - \sqrt{Q - 1}\right)\cos\theta + \frac{2Q}{\sqrt{1 - Q + 2\sqrt{Q(Q-1)}}} \\ &\tan^{-1}\left(\sqrt{\frac{2\sqrt{Q} - \sqrt{Q - 1}}{\sqrt{Q - 1}}}\tan\left(\frac{\pi}{4} - \frac{\theta}{2}\right)\right) \end{aligned} \right) \tag{2-38}$$

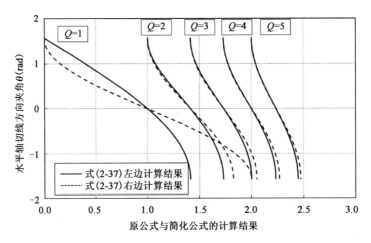

图 2-44 式(2-37)中等号两端计算所得数值的比较

1)计算系数

结合式(2-34)和式(2-38),即可求得土工膜管袋的截面坐标。横截面的基本参数如宽度 B、周长 L 和面积 A 也可以通过该式计算得到。如土工膜管袋横截面的宽度 B 等于 y 坐标最大值的 2 倍,即 $B = 2y_{max}$,当 $y = y_{max}$ 时,则 $y' = 0, \theta = 0$。把 $\theta = 0$ 代入式(2-38)中,则可以得到土工膜管袋宽度 B 的计算式如下:

$$B = \sqrt{\frac{2T}{\gamma}} \left[\left(1 - \frac{\pi}{2}\right) \sqrt{Q} - \sqrt{Q-1} + \frac{2Q}{\sqrt{1-Q+2\sqrt{Q(Q-1)}}} \tan^{-1}\left(\sqrt{\frac{2\sqrt{Q}-\sqrt{Q-1}}{\sqrt{Q-1}}}\right) \right]$$

$$= C_B \sqrt{\frac{2T}{\gamma}} \tag{2-39}$$

式中,C_B 为宽度计算系数,为充灌压力系数 Q 的函数,无量纲。

土工膜管袋与地面接触宽度 b 则可通过 $b = 2y_{x=H}$(即 $x = H$ 时,y 坐标值的 2 倍)求得。当 $x = H$ 时,$\sin\theta = -1, \theta = -\pi/2$,代入式(2-38)中,则可以得到土工膜管袋与地面接触宽度 b 的计算式如下:

$$b = \sqrt{\frac{2T}{\gamma}} \left(-\pi\sqrt{Q} + \frac{\pi Q}{\sqrt{1-Q+2\sqrt{Q(Q-1)}}} \right) = C_b \sqrt{\frac{2T}{\gamma}} \tag{2-40}$$

式中,C_b 为接触宽度计算系数。

土工膜管袋横截面的周长 L 可以通过积分进行求解,用下式进行计算:

$$L = 2\int_{\frac{\pi}{2}}^{-\frac{\pi}{2}} \sqrt{\left(\frac{dx}{d\theta}\right)^2 + \left(\frac{dy}{d\theta}\right)^2} \, d\theta + b = \sqrt{\frac{2T}{\gamma}} \left(-\pi\sqrt{Q} + \frac{\pi(Q+1)}{\sqrt{1-Q+2\sqrt{Q(Q-1)}}} \right)$$

$$= C_L \sqrt{\frac{2T}{\gamma}} \tag{2-41}$$

式中,C_L 为周长计算系数。

根据土工膜管袋与地基接触面上的受力平衡,可以得到 $\gamma A = N$ 和 $N = (p_0 + \gamma H)b$,见

图 2-30(a),则可得到横截面面积 A 的计算式为：

$$A = \frac{p_0 + \gamma H}{\gamma} b = C_b \frac{p_0 + \gamma H}{\gamma} \sqrt{\frac{2T}{\gamma}} \qquad (2\text{-}42)$$

2）设计图表

式(2-39)～式(2-42)都是基于式(2-37)的近似解,且揭示了土工膜管袋的几何参数与充灌压力系数 Q 之间的关系。如果可以建立几何参数的计算系数 C_b、C_L、C_B 与充灌压力系数 Q 之间的关系式或者设计图表,几何参数 b、L、B 和 A 则可通过式(2-39)～式(2-42)进行求解。使用第 2.3.1 节中的计算程序对该参数求解,并建立所需的设计图表,见图 2-45。

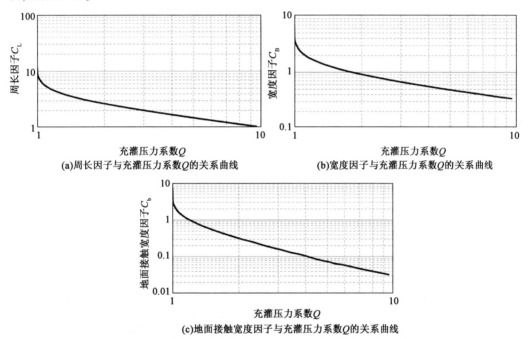

(a)周长因子与充灌压力系数Q的关系曲线

(b)宽度因子与充灌压力系数Q的关系曲线

(c)地面接触宽度因子与充灌压力系数Q的关系曲线

图 2-45　几何参数的计算系数与充灌压力系数 Q 之间的关系曲线

土工膜管袋张力 T 以及几何参数 b、B、L、A,可以分别使用式(2-27)以及式(2-39)～式(2-42)并查阅图 2-45 中的计算系数 C_b、C_L、C_B 进行求解。该计算过程也可以通过本节编译的 Qmatch(·)函数在 Microsoft Excel 中实现,具体计算步骤和过程见图 2-46。充灌压力系数 Q 的取值范围在 1～10 之间。但是,当 $Q = 1.0$ 时,查阅图 2-45 并不能得到计算系数的值,此时需要通过第 3 章所述土工膜垫的计算方法进行求解。

采用本节方法进行土工膜管袋设计,根据输入参数的不同,主要有以下两种计算情况：

（1）输入参数为土工膜管袋的充灌压力 p_0,充灌泥浆的重度 γ,以及土工膜管袋的高度 H。首先要根据式(2-27)计算土工膜管袋的张力 T,使用式(2-36)计算充灌压力系数 Q,并根据图 2-46 获得所需要的几何参数计算系数（C_b、C_L、C_B）,利用式(2-39)～式(2-42)计算出几何参数 L、B、b、A,具体计算过程见图 2-46。

（2）输入参数为土工膜管袋的充灌压力 p_0、充灌泥浆的重度 γ 以及土工膜管袋的周长 L。需要使用 Excel 嵌入函数 Goal Seek(Menu/Data/What-if Analysis/Goal Seek)对 H 值进行搜索,直到最终的 L 值满足设计精度要求,具体过程见图2-47。

Charts Methods（图2-46）

INPUTS				OUTPUTS									
γ	H	p_0		T	Q	B		L		b		A	
12	1	10		8	1.52083	B	C_B	L	C_L	b	C_b	A	
(kN/m3)	m	kPa		kN/m		1.395	1.20776	3.903	3.3803	0.634	0.54905	1.162	
						m		m		m		m2	

Data from computer program

Q	C_L	Q	C_B	Q	C_b
1.00000	18.67328	1.00000	8.67616	1.00000	7.92242
1.00600	9.29226	1.00600	3.99218	1.00600	3.25369
1.01706	7.83738	1.01706	3.27401	1.01706	2.53554
1.06329	6.03762	1.06329	2.40270	1.06329	1.67097
1.13746	5.00516	1.13746	1.91990	1.13746	1.20078
1.18377	4.62974	1.18377	1.74918	1.18377	1.04173
1.30681	3.98810	1.30681	1.46510	1.30681	0.77730
1.38389	3.71750	1.38389	1.34886	1.38389	0.67063
1.56957	3.26030	1.56957	1.15755	1.56957	0.50578
1.70547	3.02372	1.70547	1.06138	1.70547	0.42737
1.84318	2.83344	1.84318	0.98548	1.84318	0.36956
2.12222	2.54244	2.12222	0.87203	2.12222	0.28605
2.26302	2.42750	2.26302	0.82810	2.26302	0.25925
2.54633	2.23833	2.54633	0.75691	2.54633	0.20895
2.88844	2.06130	2.88844	0.69152	2.88844	0.16960
3.11741	1.96442	3.11741	0.65624	3.11741	0.15233
3.40435	1.86072	3.40435	0.61885	3.40435	0.13084
3.69192	1.77196	3.69192	0.58717	3.69192	0.11825
3.97997	1.69487	3.97997	0.55988	3.97997	0.10552
4.55711	1.56686	4.55711	0.51502	4.55711	0.08303
5.13525	1.46414	5.13525	0.47943	5.13525	0.07117
5.42459	1.41984	5.42459	0.46419	5.42459	0.06471
6.00367	1.34213	6.00367	0.43760	6.00367	0.05881
7.30798	1.20555	7.30798	0.39132	7.30798	0.04488
9.48423	1.04860	9.48423	0.33879	9.48423	0.03286

Notes:

1. input data of of the pumping pressure, p_0, unit weight of filling slurry, γ, and height of geosynthetic tube, H

2. Calculate tensile force, T, and factor of pumping pressure, Q.
$$T = (p_0 H + \tfrac{1}{2}\gamma H^2)/2$$
$$Q = (p_0^2 + 2\gamma T)/2\gamma T$$

3. get the desired factors such as CL=Qmatch(F5,A10:B34), CB=Qmatch(F5,C10:D34) or Cb=Qmatch(F5,E10:F34) using the following micro function, Qmatch()

```
Function Qmatch(ByVal xvalue, ByVal sordata As Range)
  With sordata
    If xvalue < .Cells(1, 1) Or xvalue > .Cells(.Rows.Count, 1) Then
      Qmatch = "Overflow"
    Else
      Set Bmatch = .Find(xvalue)
      If Bmatch Is Nothing Then
        RowIndex = Application.Match(xvalue, .Columns(1), True)
        Qmatch = (.Cells(RowIndex + 1, 2) - .Cells(RowIndex, 2)) * (xvalue - .Cells(RowIndex, 1)) /
                 (.Cells(RowIndex + 1, 1) - .Cells(RowIndex, 1)) + .Cells(RowIndex, 2)
      Else
        Qmatch = Application.VLookup(xvalue, sordata, 2, False)
      End If
    End If
  End With
End Function
```

4. calculate the desired parameter as length, L, width, B, contact width with ground, b, or area of cross-section, A

$$B = C_B\sqrt{\frac{2T}{\gamma}} \qquad L = C_L\sqrt{\frac{2T}{\gamma}}$$
$$b = C_b\sqrt{\frac{2T}{\gamma}} \qquad A = \frac{p_0 + \gamma H}{\gamma}\,b$$

图 2-46　当 p_0、γ、H 作为已知量时使用 Microsoft Excel 进行土工膜管袋设计

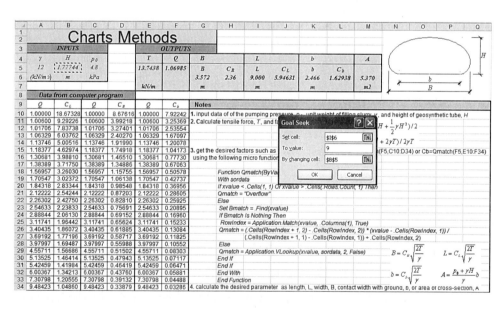

图 2-47　当 p_0、γ、L 作为已知量时使用 Microsoft Excel 进行土工膜管袋设计

3）对比验证

为了验证上述图表法的可靠性,本节将其结果与现有计算方法进行了比较。首先,计算结果与 Leshchinsky 等[33]。提出的结果进行了比较,见表 2-6。计算中采用相同的输入

参数,如 $L=9\text{m}$ 和 $\gamma=12\text{kN/m}^3$。这两组结果之间的差值百分比,表示两者之差的绝对值除以 Leshchinsky 等[33] 的结果的百分比。可见在各种充灌压力下,图表系数法与 Leshchinsky 等提出的结果差异都小于 5.89%;但近似法差异较大,特别是对面积进行计算时,最大误差达 28.06%。本书计算结果还与 Kazimierowicz[34] 所提出的计算方法进行了比较,结果见表 2-7。可见图表系数法与现有的计算方法都具有较好的吻合性。

本书方法与 Leshchinsky 等[33]计算方法的比较($L=9\text{m}$,$\gamma=12\text{kN/m}^3$)　　表 2-6

p_0 (kPa)	来源	H 数值 (m)	差值 (%)	B 数值 (m)	差值 (%)	A 数值 (m²)	差值 (%)	T 数值 (kN/m)	差值 (%)
4.8	Leshchinsky	1.80		3.60		5.56		14.60	
	近似法	1.73	3.89	4.20	-16.67	4.98	10.43	13.15	9.93
	系数法	1.78	1.11	3.57	0.83	5.37	3.42	13.74	5.89
6.9	Leshchinsky	2.00		3.64		5.76		18.10	
	近似解	1.90	5.00	4.10	-12.64	5.13	10.94	17.48	3.43
	系数法	1.89	5.50	3.50	3.85	5.60	2.78	17.21	4.92
34.5	Leshchinsky	2.50		3.21		6.45		61.70	
	近似法	2.55	-2.00	3.49	-8.72	4.64	28.06	63.63	-3.13
	系数法	2.43	2.80	3.13	2.49	6.29	2.48	59.76	3.14
52.4	Leshchinsky	2.60		3.13		6.51		87.50	
	近似法	2.65	-1.92	3.34	-6.71	4.33	33.49	90.6	-3.54
	系数法	2.54	2.31	3.06	2.24	6.44	1.08	85.78	1.97
103.5	Leshchinsky	2.70		3.00		6.57		162.00	
	近似法	2.75	-1.85	3.50	-16.67	3.89	40.79	165.25	-2.01
	系数法	2.68	0.74	2.98	0.67	6.63	-0.91	159.7	1.42
122.8	Leshchinsky	2.70		2.96		6.57		189.70	
	近似法	2.77	-2.59	3.11	-5.07	3.80	42.16	193.15	-1.82
	系数法	2.69	0.37	2.96	0.00	6.55	0.30	187.20	1.32

本书方法与 Kazimierowicz[34]计算方法的比较($L=3.6\text{m}$,$\gamma=14\text{kN/m}^3$)　　表 2-7

p_0 (kPa)	来源	H 数值 (m)	差值 (%)	b 数值 (m)	差值 (%)	T 数值 (kN/m)	差值 (%)
17.5	Kazimierowicz	1.00		0.46		11.80	
	近似法	1.03	3.06	0.32	-30.22	12.74	7.93
	系数法	0.98	-2.00	0.45	-2.17	11.92	1.02
10.4	Kazimierowicz	0.90		0.64		6.80	
	近似法	0.97	7.78	0.46	-27.94	8.30	22.04
	系数法	0.92	2.22	0.59	-7.81	7.71	13.38

p_0 (kPa)	来源	H		b		T	
		数值 (m)	差值 (%)	数值 (m)	差值 (%)	数值 (kN/m)	差值 (%)
4.6	Kazimierowicz	0.80		0.84		4.00	
	近似法	0.83	3.75	0.71	-15.48	4.32	8.00
	系数法	0.81	1.62	0.81	-3.57	4.18	4.50
3	Kazimierowicz	0.70		0.96		2.70	
	近似法	0.75	7.14	0.85	-11.46	3.09	14.44
	系数法	0.74	6.32	0.93	-3.12	3.05	12.96

2.4.2 曲线拟合法

本节使用 Chapman-Richard[71-73] 模型对第 2.3.1 节提出的计算理论进行曲线拟合,以求得土工膜管袋截面几何参数的计算式。Chapman-Richards 模型已被广泛应用于树木直径[74]、树林密度和产量[75] 以及单株树木高度和直径关系[76] 等树木生长曲线预测。Chapman-Richard 模型的数学表达式为:

$$y = \delta[1 - \exp(-\mu x)]^\lambda + \varepsilon \qquad (2\text{-}43)$$

式中,δ 为曲线幅值;ε 为曲线在 y 轴上的截距;μ 和 λ 为计算常数;exp 为自然对数函数。

式(2-43)的物理意义见图 2-48(a)。其中,曲线幅值 δ 也可以为负数,以表示 y 值从初始截距 ε 开始随着 x 值的增加而非线性减小,见图 2-48(b)。

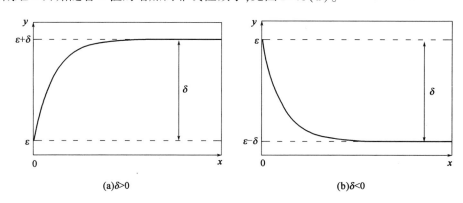

(a)$\delta>0$ (b)$\delta<0$

图 2-48 Chapman-Richard 模型的物理意义曲线

1)拟合式

第 2.4.1 节中计算所得的图表,使用了不同的充灌液体和土工膜管袋截面周长。为使曲线拟合结果具有一般性,拟合时对各参数进行了无量纲化处理,如图 2-49 所示。由图可以看出,无量纲化后的数据点较为集中,没有出现离散。本节采用式(2-43)对图 2-49 所示的曲线进行了拟合。拟合过程使用 Microsoft Excel 中的 Solver 函数,并以 μ 和 λ 作为变量,以 R^2 作为求解目标。所拟合的计算方程如图 2-49 所示,所有拟合方程式

的 R^2 值都大于 0.999。其中,无量纲高度 H/L 的幅值 δ 的极限值为土工膜管袋横截面趋向于圆形时直径的 0.31 倍(或者 $1/\pi$),其表达式为:

$$H = 0.318L\left(1 - e^{-\frac{2.114p_0}{\gamma L}}\right)^{0.188} \tag{2-44}$$

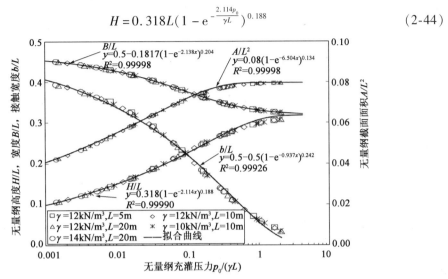

图 2-49 使用 Chapman-Richard 模型拟合 $p_0/(\gamma L)$ 与 H/L、B/L、b/L、A/L^2 间的关系曲线

同理,无量纲面积 A/L^2 与无量纲充灌压力 $p_0/(\gamma L)$ 的关系曲线如图 2-49 所示,其表达式为:

$$A = 0.08L^2\left(1 - e^{-\frac{6.504p_0}{\gamma L}}\right)^{0.134} \tag{2-45}$$

无量纲宽度 B/L 的极大值为周长的一半,即 $B = 0.5L$,因此当 $p_0/(\gamma L) = 0$ 时,$B = 0.5L$。B/L 的极小值为横截面为圆形时,因此当 $p_0/(\gamma L) = +\infty$ 时,$B/L = 1/\pi$。那么,无量纲宽度 B/L 的变化幅值为 $(0.5 - 1/\pi)$ 或 $\delta = 0.1817$。充灌过程中,B/L 随着充灌压力 $p_0/(\gamma L)$ 的增加而减小,在使用式(2-43)时,$\delta < -0.1817$。最终的表达式为:

$$B = 0.5L - 0.1817L\left(1 - e^{-\frac{2.138p_0}{\gamma L}}\right)^{0.204} \tag{2-46}$$

无量纲接触宽度 b/L 与 $p_0/(\gamma L)$ 的关系曲线见图 2-49,其表达式为:

$$b = 0.5L - 0.5L\left(1 - e^{\frac{0.937p_0}{\gamma L}}\right)^{0.242} \tag{2-47}$$

将式(2-44)代入式(2-27),可得土工膜管袋表面张力和充灌压力之间的关系为:

$$T = 0.159p_0L\left(1 - e^{-\frac{2.114p_0}{\gamma L}}\right)^{0.188} + 0.025\gamma L^2\left(1 - e^{-\frac{2.114p_0}{\gamma L}}\right)^{0.376} \tag{2-48}$$

采用拟合所得的几何参数计算式进行土工膜管袋设计计算,根据输入参数的不同,主要分为以下三种计算情况:

(1)输入参数为 p_0、γ 以及 L。土工膜管袋高度 H、面积 A、宽度 B、与地面的接触宽度 b 和表面张力 T 可以由式(2-44)~式(2-48)分别计算。

(2)输入参数为 γ、L 以及 H。首先需根据式(2-49)计算 p_0,随后的计算过程与第一种情况相同。

$$p_0 = -0.473\gamma L \ln\left[1 - \left(\pi\frac{H}{L}\right)^{5.32}\right] \qquad (2\text{-}49)$$

（3）输入参数为 p_0、γ 和 H。此时的 p_0 不能通过式（2-44）进行反推求解，因为该式此时并无解析解表达式。此时需要基于式（2-44）并通过 Microsoft Excel 中的 Goal Seek 函数搜索方程解，求得 L，随后的计算步骤与第一种情况相同。

2）拟合式与现有理论的比较

为了验证拟合式的准确性，本节将其计算结果与现有的计算方法进行了对比和验证。首先，计算结果与 Leshchinsky 等[33]提出的结果进行了比较，见表 2-8。计算中采用相同的输入参数，如 $L=9\text{m}$ 和 $\gamma=12\text{kN/m}^3$。这两组结果间的差值百分比，表示两者之差的绝对值除以 Leshchinsky 等[33]的结果的百分比。可见在各种充灌压力下，这两组结果的差值百分比都小于 5.9%。

曲线拟合式与 Leshchinsky 等[33]计算方法的比较（$L=9\text{m}$，$\gamma=12\text{kN/m}^3$）   表 2-8

p_0 (kPa)	来源	H 数值 (m)	H 差值 (%)	B 数值 (m)	B 差值 (%)	A 数值 (m²)	A 差值 (%)	T 数值 (kN/m)	T 差值 (%)
4.8	Leshchinsky 拟合式	1.80 1.82	1.04	3.60 3.50	-2.84	5.56 5.38	-3.16	14.60 14.18	-2.89
6.9	Leshchinsky 拟合式	2.00 1.94	-3.01	3.64 3.43	-5.90	5.76 5.61	-2.64	18.10 17.86	-1.35
34.5	Leshchinsky 拟合式	2.50 2.50	0.15	3.21 3.08	-3.95	6.45 6.36	-1.32	61.70 61.79	0.14
52.4	Leshchinsky 拟合式	2.60 2.63	1.26	3.13 3.00	-4.01	6.51 6.44	-1.04	87.50 89.54	2.33
103.5	Leshchinsky 拟合式	2.70 2.79	3.22	3.00 2.91	-3.00	6.57 6.48	-1.40	162.00 167.26	3.25
122.8	Leshchinsky 拟合式	2.70 2.81	4.13	2.96 2.90	-2.19	6.57 6.48	-1.38	189.70 196.07	3.36

曲线拟合式的计算结果还与 Cantré[77]提出的计算图表进行了对比和验证，如图 2-50 所示，曲线参数采用无量纲参数。其中，$p_0/(\gamma L)$ 和 H/L 曲线可以直接由式（2-44）进行求解，$T/(\gamma L^2)$ 和 H/L 的关系曲线可以由式（2-27）和式（2-49）联合求解，见式（2-50）。图 2-50 表明，拟合式所计算的结果与 Cantré[77]所提出的关系曲线吻合较好。

$$\frac{T}{\gamma L^2} = -0.2365\frac{H}{L}\ln\left[1 - \left(\pi\frac{H}{L}\right)^{5.32}\right] + 0.25\left(\frac{H}{L}\right)^2 \qquad (2\text{-}50)$$

曲线拟合式的计算结果还与 Malík[78]提出的计算图表进行了对比，如图 2-51 所示。土工膜管袋周长 $L=10\text{m}$，充灌液体重度 $\gamma=10\text{kN/m}^3$。计算中，土工膜管袋的高度 H、周长 L 以及充灌液体重度 γ 为已知量。土工膜管袋面积 A 可由式（2-45）和式（2-49）联合求解，见式(2-51)。

$$A = 0.08L^2 \left\{ 1 - e^{3.0764 \ln \left[1 - (\pi H/L)^{5.32} \right]} \right\}^{0.134} \tag{2-51}$$

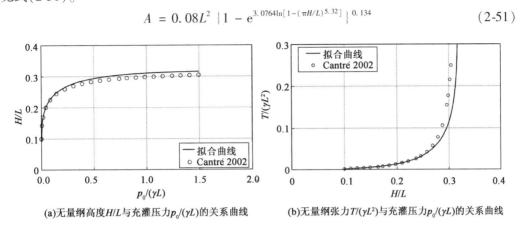

(a)无量纲高度H/L与充灌压力$p_0/(\gamma L)$的关系曲线 (b)无量纲张力$T/(\gamma L^2)$与充灌压力$p_0/(\gamma L)$的关系曲线

图 2-50 曲线拟合式计算结果与 Cantré[77] 所给出的曲线对比

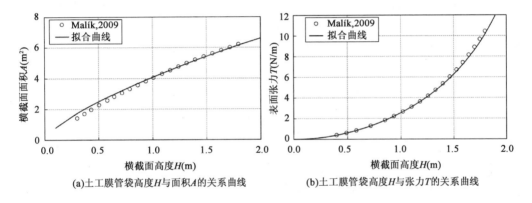

(a)土工膜管袋高度H与面积A的关系曲线 (b)土工膜管袋高度H与张力T的关系曲线

图 2-51 曲线拟合式计算结果与 Malík[78] 所给出的曲线对比

土工膜管袋高度 H 与面积 A 的关系曲线以及土工膜管袋高度 H 与张力 T 的关系曲线分别如图 2-51(a)和图 2-51(b)所示。图中表明,曲线拟合式所计算的结果与 Malík[78] 所提出的关系曲线吻合较好。

3)拟合式与试验结果的对比

为验证拟合式的可靠性,其计算结果与室内模型试验结果进行了对比和验证。充灌液体重度为 9.81kN/m^3,三个模型的周长(模型 T1 为 2m,模型 T2 为 3m,模型 T3 为 4m)和模型试验所量测的充灌压力 p_0 作为已知条件。计算结果与模型测试所得到的高度 H 和宽度 B 均采用无量纲参数,见图 2-52。由图可以看出,采用拟合式所计算的横截面高度比模型试验的结果略大,而宽度比模型试验的结果略小。其中一个可能的原因是由于试验所测水头为通过压力计管测量的,压力计管的垂直度和人为读数的误差使得充灌压力的数值会有少许误差。总体来看,拟合式计算结果与模型试验结果吻合良好,满足工程精度的一般要求。

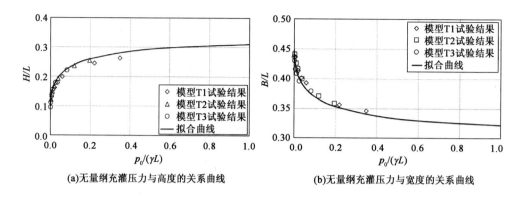

(a)无量纲充灌压力与高度的关系曲线 (b)无量纲充灌压力与宽度的关系曲线

图 2-52　拟合公式所计算结果与模型试验所得无量纲充灌压力与宽度和高度关系曲线对比

拟合公式计算结果也与 Silvester 和 Hsu[78]、Liu[80]室内模型试验结果进行了对比和验证。计算过程中,以袋内压力水头 b_1($b_1 = p_0/\gamma + H$)和横截面等效直径 D($D = L/\pi$)作为已知量。拟合公式计算结果与模型测试所得到的 $4A/(\pi D^2)$、H/D 与 b_1/D 的关系曲线见图 2-53。由图可以看出,拟合式计算结果与模型试验结果吻合良好。

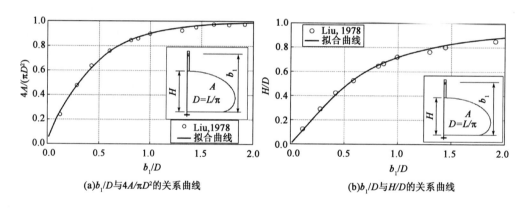

(a)b_1/D与$4A/\pi D^2$的关系曲线 (b)b_1/D与H/D的关系曲线

图 2-53　拟合式计算结果与 Silvester、Hsu[79] 和 Liu[80]室内模型试验结果对比

2.5　本章小结

本章分别对土工膜管袋设计计算过程中考虑和不考虑地基土变形两种情况分别进行了理论分析,给出了相应的微分方程推导过程,用 Runge-Kutta-Merson 方法对微分方程组进行了求解,并将以上理论计算结果与现有的计算理论、数值分析结果和试验结果进行了对比和验证。

本章同时给出了图表法和曲线拟合法两种简化计算方法。此两种方法不考虑地基土变形对土工膜管袋横截面的影响,忽略摩擦力对土工膜管袋张力的影响。尽管简化计算方法的结果没有程序结果准确,但其精度足以满足工程设计的要求。在没有设计软件时,该系列式为土工膜管袋设计人员提供了便利。

　　本章所述计算方法并不局限于土工膜管袋的计算。对于土工织物管袋,一般充灌时间较短,充灌过程中内部泥浆来不及固结沉积,常表现为液体。在充灌完成瞬间,土工织物管袋所受张力最大,为一极限受力状态。本章所述理论同样适用于土工织物管袋在该极限状态时的设计计算。

3 土工膜垫计算理论

3.1 概述

土工膜垫是土工膜管袋充灌压力为零时的特殊形态,主要特点就是横截面高度远小于其宽度。相比于土工膜管袋,土工膜垫具有水平稳定性较好和抗不均匀沉降能力强等优点。土工膜垫设计主要是要对截面形状和张力进行计算。本章分别对土工膜垫设计计算过程中考虑和不考虑地基土变形这两种情况进行了理论推导,详细阐述了各微分方程的推导过程,并用 Runge-Kutta-Merson 方法对微分式进行了求解。最后,将所推导的理论计算结果与现有的计算理论、数值分析和试验结果进行了对比和验证,并对关键参数进行了分析。

3.2 柔性地基

3.2.1 弹性地基梁法

1)理论推导和求解

土工膜垫计算的理论推导过程与第2.2节所给出的土工膜管袋计算方法基本相同,主要区别就是内部充灌压力为零,即 $p_0 = 0$。土工膜垫的横截面受力示意图和任意一点处微元的受力分析见图3-1。将 $p_0 = 0$ 代入式(2-7)中就可以得到土工膜垫表面任意一点处的微分方程:

$$\frac{\mathrm{d}\theta}{\mathrm{d}s} = \frac{1}{T}\left[-\alpha K_f(x - H)\,|\cos\theta| + \gamma x \right] \tag{3-1}$$

式中,α 为计算因子,当 $x < H$ 时,$\alpha = 0$;$x > H$ 时,$\alpha = 1.0$。

将 $p_0 = 0$ 代入式(2-9a)和式(2-9b)中,即可得到截面不同位置处张力 T 的表达方程:

$$T_{x=0 \sim H} = \frac{1}{4}\gamma(H + H_f)^2 - \frac{1}{4}K_f H_f^2 \tag{3-2}$$

$$T_{x=H \sim (H+H)} = K_f\left(\frac{1}{2}x^2 - Hx\right) + \frac{1}{4}\gamma(H + H_f)^2 - \frac{1}{4}K_f(H_f^2 - 2H^2) \tag{3-3}$$

由式(3-2)可知,未与地基土接触点处的土工膜垫张力 $T_{x=0 \sim H}$ 在 x 取 $0 \sim H$ 时,$T_{x=0 \sim H}$ 的大小与 x、y 的坐标值无关。因此,只需知道 H、H_f、K_f 的值,就可以对 $T_{x=0 \sim H}$ 进行计算。

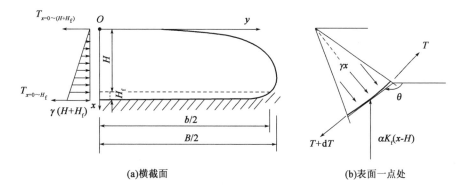

(a)横截面　　　　　　　　　(b)表面一点处

图 3-1　基于弹性地基梁法的土工膜垫受力分析示意图

图 3-2 所示为土工膜垫沉降计算示意图。若取图 3-2(a) 所示的横截面计算简图对土工膜垫底部与地基土接触中心位置的单元进行受力分析,由于该点处的张力方向沿横截面的切线方向且横截面是轴对称的,则该点的张力方向沿水平方向。作用在该单元顶部的静水压力为 $\gamma(H+H_f)$,地面反作用力为 $K_f H_f$,则根据两个压力垂直方向的受力平衡,即可得到该点沉降量为:

$$H_f = \gamma H / (K_f - \gamma) \tag{3-4}$$

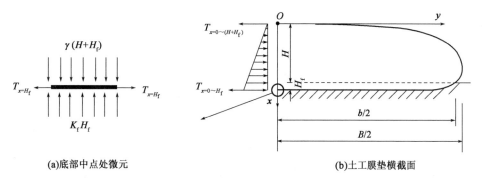

(a)底部中点处微元　　　　　　　　　(b)土工膜垫横截面

图 3-2　土工膜垫沉降计算受力分析示意图

土工膜垫横截面几何形状的非线性微分方程,可以通过将 $p_0 = 0$ 代入式(2-10)中得到:

$$y'' = \frac{1}{T}\left[\alpha K_f(x-H)|y'|(1+y'^2)^{\frac{1}{2}} - \gamma x\right](1+y'^2)^{\frac{3}{2}} \tag{3-5}$$

以上微分式只能采用数值方法进行求解,需以充灌泥浆的重度 γ 和土工膜垫的高度 H 为输入参数,并结合以下两个边界条件进行求解:

(1)当 $x=0$,$y=y_0$ 时,$\mathrm{d}y/\mathrm{d}x = \infty$,$\theta = 0$;

(2)当 $x=H+H_f$,$y=0$ 时,$\mathrm{d}y/\mathrm{d}x = -\infty$,$\theta = \pi$。

其中,y_0 的取值需要引入参考横截面的概念,即当土工膜垫置于柔性地基上,充灌压力等于零时,土工膜垫所能达到最大高度时的横截面。对于确定的地基土和土工膜垫,仅存在一个参考横截面,见图3-3中的土工膜垫1。此时,达到该高度的土工膜垫所需要的周长最小;对于其余的土工膜垫,在达到该高度时需要的周长更长,宽度更宽,见图3-3中的土工膜垫2。如果定义线段 CC' 为土工膜垫1和土工膜垫2的宽度差,并假定 CC' 为一直线段,则 CC' 的长度为 $2y_0$。因此,要确定土工膜垫的截面形状,只有截面高度是不够的,其宽度 B 也需作为已知输入条件。

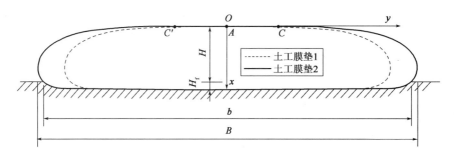

图 3-3　柔性地基上的土工膜垫横截面示意图

式(3-5)仍需要使用数值法进行求解计算,已知参数为充灌液体的重度 γ,地基的基床系数 K_f,土工膜垫高度 H 或土工膜垫的截面周长 L。数值计算程序采用试算法,具体的求解过程如下:

(1)输入已知量 γ、K_f、H、B 或 L;

(2)假定 $y_0 = 0$ 进行试算,并使用式(3-4)计算 H_f;

(3)使用式(3-2)和式(3-3)计算土工膜垫表面张力 T_i;

(4)使用式(3-5)计算横截面形状各点的坐标,并计算截面周长 L_t 和宽度 B_t;

(5)调整 y_0 并重复步骤(3)、(4),直到计算后的宽度 B_t 或者周长 L_t 与第一步输入参数的误差满足要求,如 $|1 - B_t/B| < 10^{-6}$ 或者 $|1 - L_t/L| < 10^{-6}$。

2)参数分析

本节对弹性地基梁法的各个关键影响参数进行参数分析,研究各参数对土工膜垫截面形状和受力特性的影响。计算中,土工膜垫周长为9m,充灌液体重度为12kN/m³,基床系数分别取50kPa/m、100kPa/m、1000kPa/m。在各基床系数影响下的土工膜垫的横截面形状如图3-4所示。对于基床系数为50kPa/m,土工膜垫横截面高度从0.2m至0.591m时,土工膜垫的沉降则从6.3cm增加到18.6cm,见图3-4(a)。对于基床系数为100kPa/m,土工膜垫的横截面高度从0.2m增加到0.636m时,土工膜垫的沉降量从2.7cm增加到8.67cm。当基床系数为1000kPa/m,土工膜垫高度从0.2m增加到0.676m时,土工膜垫的沉降变化小于1.0cm,此时的土工膜垫沉降变形基本可以忽略,柔性地基可以假定为刚性地基进行土工膜垫的设计计算。

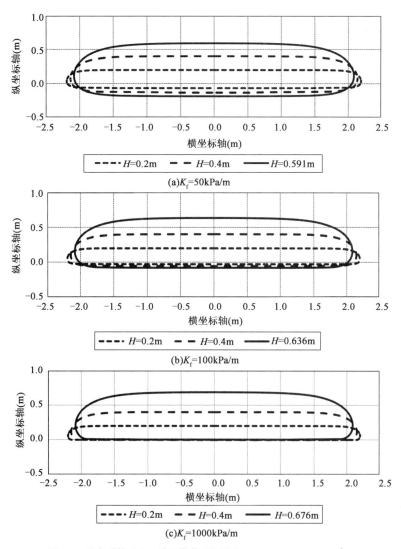

(a)K_f=50kPa/m

(b)K_f=100kPa/m

(c)K_f=1000kPa/m

图 3-4　基床系数对土工膜垫横截面的影响($L=9.0\text{m}, \gamma=12\text{kN/m}^3$)

土工膜垫的沉降 H_f 和基床系数 K_f 之间的关系见式(3-4),其关系曲线重新绘制于图 3-5,充灌泥浆的重度 $\gamma=12\text{kN/m}^3$,基床系数 K_f 的取值范围为 $20\sim5000\text{kPa/m}$,土工膜垫高度 H 的取值范围为 $0.1\sim5.0\text{m}$。从该图中可以看出,当 $K_f>1000\text{kPa/m}$ 时,土工膜垫的沉降 H_f 的值几乎可以忽略不计。因此,使用弹性地基梁法对地基土进行模拟以计算土工膜垫的横截面形状,只有在 $K_f<1000\text{kPa/m}$ 才有必要使用。当 $K_f>1000\text{kPa/m}$ 时,地基土可假定为刚性地基,土工膜垫的设计可采用第 3.3.1 节给出的解析解进行计算。

工程设计中,一般是已知土工膜垫设计高度 H 而求解所需要的土工膜垫周长。不同的地基土,基床系数 K_f 不同,因此所需要的土工膜垫周长 L 也不同。图 3-6 给出了一组设计高度为 2m,充灌液体重度 γ 为 12kN/m^3,基床系数 K_f 分别为 50kPa/m、100kPa/m 和 ∞ 时的土工膜垫横截面形状。三个土工膜垫的截面周长 L 分别为 26.34m、26.02m 和 25.87m。

对于给定的设计高度 H,基床系数 K_f 越小,土工膜垫的沉降越大,所需的截面周长也越大。但总体来讲,土工膜垫横截面未与地面接触部分(地表以上)的形状差异并不大。

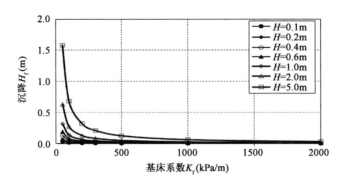

图 3-5 K_f 与 H_f 之间的关系曲线($\gamma = 12\text{kN/m}^3$)

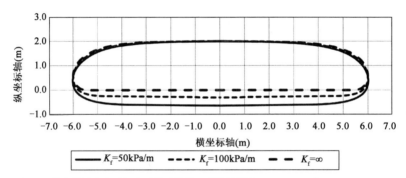

图 3-6 给定设计高度时基床系数对横截面形状的影响($\gamma = 12\text{kN/m}^3$、$H = 2\text{m}$、$B = 12\text{m}$)

由上述参考横截面的定义可知,不同的基床系数 K_f 对应着不同的参考横截面。对于 $K_f = \infty$,即刚性基础有且仅有一个参考横截面。图 3-7 给出了参考横截面面积和高度随基床系数的变化曲线。由图可以看出,基床系数越小,参考横截面的沉降 H_f 就越大,总高度 $H + H_f$ 就越大。参考横截面的高度 H 随基床系数的增加而增加,并且当 $K_f > 1000\text{kPa/m}$ 时,H 趋于稳定值。参考横截面面积随基床系数 K_f 的增加而减小,当 $K_f > 1000\text{kPa/m}$ 时,参考横截面面积趋于稳定值,并基本等同于刚性基础上的横截面面积。

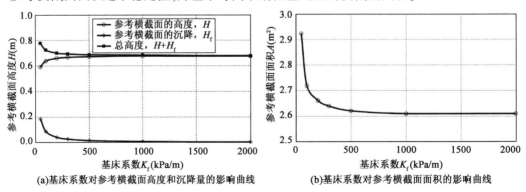

(a)基床系数对参考横截面高度和沉降量的影响曲线　　　(b)基床系数对参考横截面面积的影响曲线

图 3-7 基床系数 K_f 对参考横截面高度和面积的影响($\gamma = 12\text{kN/m}^3$,$L = 9\text{m}$)

3.2.2 压缩曲线法

1) 理论推导和求解

使用压缩曲线法计算土工膜垫的截面形状和张力,如图 3-8 所示。计算过程可视为第 2.2.2 节所述土工膜管袋充灌压力为零时的特殊情况。将 $p_0 = 0$ 代入式(2-14)中,可得如下微分方程:

$$\frac{\mathrm{d}\theta}{\mathrm{d}s} = \frac{1}{T}\left[\gamma(H - y) - p_\mathrm{w} - \alpha p_\mathrm{f}'\cos\theta\right] \tag{3-6}$$

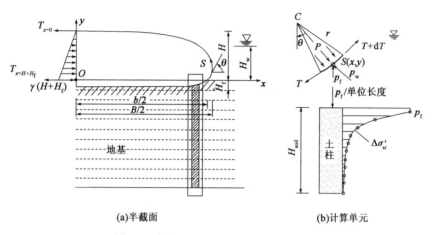

(a)半截面   (b)计算单元

图 3-8 柔性地基上土工膜垫受力分析示意图

式(2-11)~式(2-13)和式(3-6)的求解需要使用数值方法,并需要满足以下两个边界条件:

(1) $y = H, x = x_0, \theta = \pi$。

(2) $y = -H_\mathrm{f}, x = 0, \theta = 0$。

与弹性地基梁法类似,使用压缩曲线法计算土工膜垫横截面形状时,也存在一个参考横截面。对于给定周长的土工膜垫和地基土参数,参考横截面有且只有一个。因此,式(2-11)~式(2-13)和式(3-6)中有三个未知参数,即土工膜垫的沉降 H_f、初始环向拉力 T_0 和顶部水平线段长度 x_0。计算中,将充灌泥浆重度 γ,外水位线高度 H_w,土工膜垫的高度 H 和宽度 B,以及地基土的基本参数(如初始孔隙比 e_0、土体重度 γ_s、压缩指数 C_c 和超固结比 OCR 等)设为已知参数,并采用以下步骤进行求解:

(1) 输入已知设计参数 γ、H、L 并假设 $x_0 = 0$、$T_0 = \gamma(L/\pi)^2/4$。

(2) 采用以下步骤试算 H_ft:

① 计算点 O 处附加应力 p_f0',当 $H_\mathrm{w} > -H_\mathrm{ft}$ 时 $p_\mathrm{f0}' = \gamma(H + H_\mathrm{ft}) - \gamma_\mathrm{w}(H_\mathrm{w} + H_\mathrm{ft})$,当 $H_\mathrm{w} < -H_\mathrm{ft}$ 时 $p_\mathrm{f0}' = \gamma(H + H_\mathrm{ft})$;

② 使用式(2-15)计算土体内部的附加应力;

③ 使用式(2-16)~式(2-19)计算点 O 处的总沉降量 $S_{0\mathrm{t}}$;

④如果$(H_{\mathrm{ft}} - S_{0t}) < 10^{-6}$,试算高度$H_{\mathrm{ft}}$就是土工膜垫的沉降$H_{\mathrm{f}}$;否则,修改$H_{\mathrm{ft}}$,重复步骤①~④。

（3）使用式(2-11)~式(2-13)和式(3-6),以及参数γ、H_{ft}、x_0、T_0,计算x和y的坐标。

（4）如果$T_{\mathrm{y}} = -H_{\mathrm{f}} + T_{\mathrm{y}} = H \neq \gamma(H + H_{\mathrm{ft}})^2/4$,则修正$T_0$并重复步骤(2)、(3),直到$T_{\mathrm{y}} = -H_{\mathrm{f}} + T_{\mathrm{y}} = H = \gamma(H + H_{\mathrm{ft}})^2/4$。

（5）若$y = H, x \neq x_0$,则修改x_0的取值并重复步骤(2)~(4),直到$|x - x_0| < 10^{-6}$。

2) 参数分析

本节对压缩曲线法的各个关键影响参数进行分析,研究其对土工膜垫的截面形状和受力特性的影响。计算中,土工膜垫周长取9m,充灌液体重度为12kN/m³。图3-9(a)给出了土工膜垫高度为0.2m、0.4m、0.6m,地基土压缩系数$C_{\mathrm{c}} = 0.35$,孔隙率$e_0 = 1.0$,重度$\gamma_{\mathrm{s}} = 18$kN/m³,地下水面在地表$H_{\mathrm{w}} = 0.0$m时的土工膜垫截面形状。从图中可以看出,土工膜垫的沉降量随着高度H的增长而增长,当$H = 0.2$m、0.4m、0.6m时,土工膜垫的沉降值分别为4.92cm、8.52cm、11.46cm。图3-9(a)所示横截面所对应的张力见图3-9(b)。可以看出,土工膜垫横截面未与地面接触部分的张力为恒定值,而与地面接触段(地表面以下)的张力随着深度的增加而逐渐变大。在与地基土接触面中心点处,张力达到最大值。应当指出,上述关于土工膜垫的张力分布的结论只有当使用压缩曲线法计算地基土变形,且不考虑土体侧向力以及土体和土工膜垫间的摩擦时才是有效的。

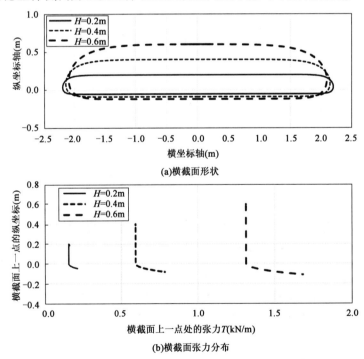

图3-9 不同高度的土工膜垫截面形状和张力分布(土工膜垫参数$L = 9.0$m,
$\gamma = 12$kN/m³;地基土参数$C_{\mathrm{c}} = 0.35, e_0 = 1.0, \gamma_{\mathrm{s}} = 18$kN/m³)

3.2.3 数值分析法

1）数值计算结果

土工膜垫的数值模型与第 2.2.3 节所述土工膜管袋的数值计算模型一致。地基土模型高度为 10m，宽度为 20m。其中，土工膜垫底部 8m 宽到 4m 深范围内为 $0.1m \times 0.1m$ 的细密网格，模型中其余网格尺寸均为 $0.2m \times 0.2m$。土工膜垫周长 L 取为 9m，土工膜材料的厚度 d 取为 0.3mm，充灌液体的重度为 $12kN/m^3$。土工膜垫由 100 个梁单元进行模拟，梁单元的惯性矩为 $2.025 \times 10^{-12} m^4$。充灌液体静水压力的模拟同样是将梁单元上的均布应力转化成施加在节点的点荷载，转换完成后使用 FLAC 软件中的动态分析，求得土工膜垫的最终平衡状态。

土工膜垫充灌到不同高度时的横截面形状见图 3-10。从图中可以看出，横截面的顶部几乎为直线，这与先前理论分析中的假设是一致的。随着土工膜垫高度的增加，直线段部分逐渐减小，宽度变小。同时，土工膜垫重量增加，地基土的变形也越大。

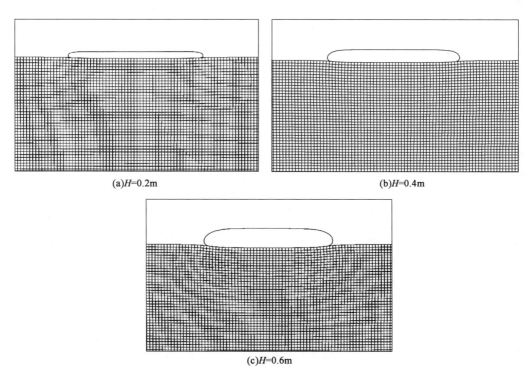

(a)$H=0.2m$

(b)$H=0.4m$

(c)$H=0.6m$

图 3-10　数值方法所得土工膜垫与地基土变形（地基土参数 $C_c = 0.35$，$e_0 = 1.0$，

$\gamma_s = 18kN/m^3$；土工膜垫参数 $L = 9.0m$，$\gamma = 12kN/m^3$）

计算所得地基土的有效附加应力分布见图 3-11。由图可知，土工膜垫所产生附加应力的影响范围仅在距地面 2m 范围内。对于距地面深度超过 2m 的土层，有效应力与初始

有效应力分布相似。在土工膜垫下方,有效应力变化很大,但是在其两侧却几乎不变。因此,土体的横向变形很小,基本可以忽略。

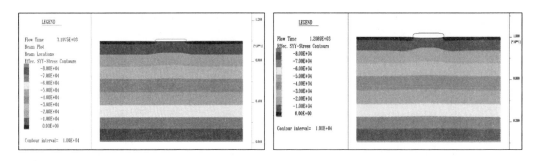

(a)H=0.2m   (b)H=0.4m

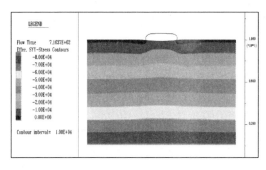

(c)H=0.6m

图 3-11　土工膜垫截面形状与地基土有效应力云图(土工膜垫参数 $L = 9.0\,\text{m}$,
$\gamma = 12\,\text{kN/m}^3$;地基土参数 $C_c = 0.35$,$e_0 = 1.0$,$\gamma_s = 18\,\text{kN/m}^3$)

2)对比弹性地基梁法

数值方法和弹性地基梁法各计算参数的转换与第 2.2.3 节所述的方法一致,利用这两种方法得到的土工膜垫横截面结果如图 3-12 所示。从图中可以看出,两种计算方法所得到的土工膜垫横截面在未与地面接触部分差别不大,特别是土工膜垫的高度差别很小。由弹性地基梁法计算得到的地基土变形较小,土工膜垫沉降较小。当土工膜垫的高度为 0.6m 时,两者差异较大。主要原因是使用弹性地基梁法进行计算时,土工膜垫的重量由整个土层均匀承担,并不能考虑附加应力在地基土中的不均匀分布。而数值计算结果显示,土工膜垫的重量主要由上部 2m 范围内的软弱土层承担。因此,如果完全按照弹性地基梁法进行土工膜垫设计计算,则所求得的土工膜垫沉降值偏小。

数值方法与弹性地基梁法所计算的土工膜垫张力分布见图 3-13。结果表明,数值分析方法所得到的土工膜垫张力较弹性地基梁法大。如果使用弹性地基梁法进行计算,并以未与地面接触段的张力进行土工膜垫的设计,设计结果将偏于保守。

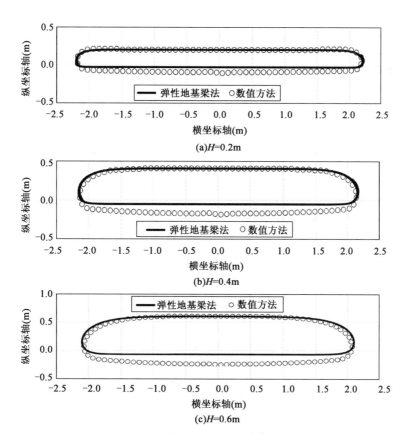

图3-12 数值方法与弹性地基梁法所计算的土工膜垫横截面对比(地基土参数 $K_f = 111\text{kPa/m}$, $\gamma_s = 18\text{kN/m}^3$; 土工膜垫参数 $L = 9.0\text{m}$, $\gamma = 12\text{kN/m}^3$)

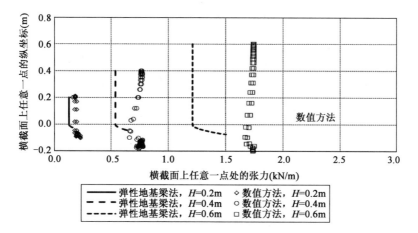

图3-13 数值方法和弹性地基梁法所得土工膜垫的张力分布对比(地基土参数 $K_f = 111\text{kPa/m}$, $\gamma_s = 18\text{kN/m}^3$; 土工膜垫参数 $L = 9.0\text{m}$, $\gamma = 12\text{kN/m}^3$)

3）对比压缩曲线法

数值方法和压缩曲线法中所使用的计算参数的转换参见第 2.2.3 节。土工膜垫高度分别为 0.2m、0.4m 和 0.6m。利用压缩曲线法和数值方法得到的土工膜垫横截面形状见图 3-14。由图可以看出，压缩曲线法所计算的土工膜垫横截面与数值方法所得的结果吻合较好。

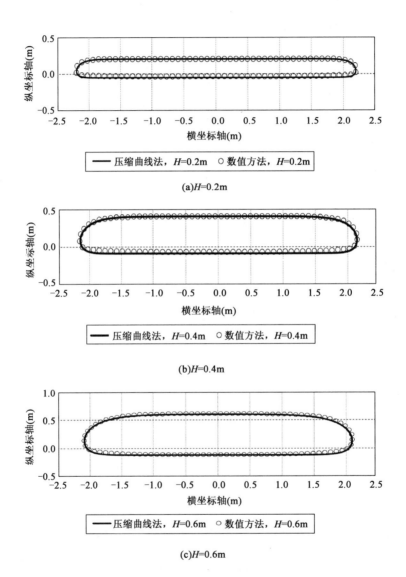

(a)H=0.2m

(b)H=0.4m

(c)H=0.6m

图 3-14 数值方法和压缩曲线法所得土工膜垫横截面对比（地基土参数 $C_c = 0.35, e_0 = 1.0$，$\gamma_s = 18\text{kN/m}^3$；土工膜垫参数 $L = 9.0\text{m}, \gamma = 12\text{kN/m}^3$）

数值方法与压缩曲线法计算所得的土工膜垫张力如图 3-15 所示。结果表明，压缩曲线法所得到的土工膜垫张力比数值分析方法稍大。

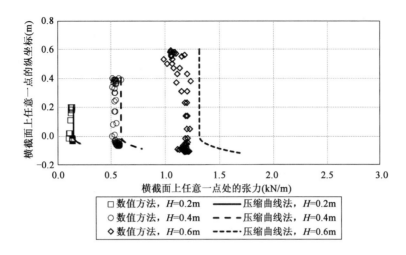

图3-15　数值方法和压缩曲线法所得土工膜垫张力分布对比(地基土参数 $C_c = 0.35$, $e_0 = 1.0$,

$\gamma_s = 18\text{kN/m}^3$;土工膜垫参数 $L = 9.0\text{m}$, $\gamma = 12\text{kN/m}^3$)

3.3　刚性地基

3.3.1　计算理论

土工膜垫与土工膜管袋的主要区别是充灌压力为零,理论计算过程与土工膜管袋的计算过程基本相同,将 $p_0 = 0$ 代入式(2-27),即得土工膜垫的表面张力:

$$T = \frac{1}{4}\gamma H^2 \tag{3-7}$$

土工膜管袋的计算式(2-36)中包含第一类和第二类椭圆积分,使得该方程没有解析解。然而,对于土工膜垫 $(p_0 = 0)$,该方程有解析解。将 $p_0 = 0$ 和 $Q = 1.0$ 代入式(2-36)中,可得到土工膜垫横截面坐标的计算方程:

$$y = -\sqrt{\frac{T}{2\gamma}} \int \left(\sqrt{1 - \sin\theta} - \frac{1}{\sqrt{1 - \sin\theta}} \right) \mathrm{d}\theta \tag{3-8}$$

将 $p_0 = 0$ 代入式(2-33)中,可得 $\sin\theta$ 的表达式为:

$$\sin\theta = 1 - \frac{2x^2}{H^2} \tag{3-9}$$

结合式(3-8)和式(3-9),可求得土工膜垫截面的坐标计算方程为:

$$\begin{cases} x = 0, y = 0 \\ x \neq 0, y = H\left[\sqrt{1 - \frac{x^2}{H^2}} - \frac{1}{2}\ln\left(\frac{H}{x} + \sqrt{\frac{H^2}{x^2} - 1} \right) + C \right] \end{cases} \tag{3-10}$$

要确定式(3-10)中的常数 C,在求解式(2-36)所需要的已知条件基础上,还需要另外一个边界条件。对于土工膜垫的设计计算,通常需要知道高度和宽度,求解所需周长、横截面形状和张力。横截面宽度 B 等于最大 y 坐标 y_{max} 的 2 倍,即 $B = 2y_{max}$。当 $y = y_{max}$ 时,$\theta = 0$。将 $\theta = 0$ 代入式(3-9)中可得 $x = H/\sqrt{2}$。将 $x = H/\sqrt{2}$、$B = 2y_{max}$ 代入式(3-10)中,并定义高宽比 $k = H/B$,可以求解常数 C 为:

$$C = \frac{1}{2}\left\{ \frac{1}{k} - \left[\sqrt{2} - \ln(\sqrt{2} + 1) \right] \right\} \tag{3-11}$$

将式(3-11)代入式(3-10)中,即可得到刚性地基上土工膜垫的计算方程为:

$$\begin{cases} x = 0, y = 0 \\ x \neq 0, y = H\left\{ \sqrt{1 - \frac{x^2}{H^2}} - \frac{1}{2}\ln\left(\frac{H}{x} + \sqrt{\frac{H^2}{x^2} - 1} \right) + \frac{1}{2}\left[\frac{1}{k} - \sqrt{2} + \ln(\sqrt{2} + 1) \right] \right\} \end{cases} \tag{3-12}$$

式中,k 为土工膜垫高宽比($k = H/B$)。

使用式(3-12)可以对土工膜垫的基本几何参数进行计算,例如土工膜垫面积 A,横截面周长 L 和土工膜垫与地面的接触宽度 b。土工膜垫与基底的接触宽度 b 等于式(3-12)中 $x = H$ 时 y 坐标的 2 倍,即:

$$b = 2y_{x = H} = H\left\{ \frac{1}{k} - \left[\sqrt{2} - \ln(\sqrt{2} + 1) \right] \right\} \tag{3-13}$$

土工膜垫的截面面积 A 和周长 L 可以通过积分求得,即:

$$A = 2\int_0^H y\mathrm{d}x = H^2\left\{ \frac{1}{k} - \left[\sqrt{2} - \ln(\sqrt{2} + 1) \right] \right\} \tag{3-14}$$

$$L = 2\int_0^H \sqrt{1 + y'^2}\,\mathrm{d}x + b = 2H\left\{ \frac{1}{k} + 1 - \left[\sqrt{2} - \ln(\sqrt{2} + 1) \right] \right\} \tag{3-15}$$

使用式(3-12)计算所得到的一系列土工膜垫横截面见图3-16,土工膜垫周长为9m,充灌液体重度为12kN/m³,土工膜垫的高度分别取0.2m、0.4m和0.682m。由图可知,横截面越高,宽度越小,面积越大。

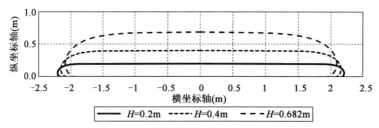

图3-16 填充到不同高度的土工膜垫横截面($L = 9.0\mathrm{m}, \gamma = 12\mathrm{kN/m^3}$)

对于给定的土工膜垫高度 H,当宽度不同时,横截面也将不同。图3-17给出了三个高度为1m,宽度分别为10.0m、8.0m、6.13m时的土工膜垫横截面形状,其相应的高宽比 k 分别为0.1、0.125、0.163,所对应的周长分别为20.9m、16.9m、13.2m。当土工膜垫的高宽比 $k = 0.163$ 时,土工膜垫的周长最小。通过计算发现,这三个不同横截面的土工膜垫周长之间的差等于相应宽度之差的 2 倍,即 $\Delta L = 2\Delta B$。例如,当 L 分别为 20.9m、16.9m时,对应的宽度 B 分别为 10.0m、8.0m,则 $\Delta L = 2\Delta B = 4.0m$。根据式(3-15)也可以推导出相同的结论:

$$L_1 - L_2 = 2(B_1 - B_2) \tag{3-16}$$

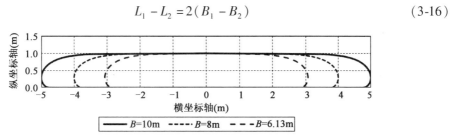

图 3-17 高宽比 k 不同时的土工膜垫横截面形状($\gamma = 12\text{kN/m}^3$,$H = 1\text{m}$)

3.3.2 参考横截面

由前文可知,参考横截面被定义为充灌压力为零时土工膜垫高度达到最大时所对应的横截面。由图 3-17 也可以看出,对于给定的设计高度,不同宽度的土工膜垫所对应的横截面周长并不相同,且不同的横截面其周长之差等于宽度之差的 2 倍。参考横截面也是土工膜垫高度一定时,周长最小的横截面。参考横截面与其他横截面不同之处在于顶部的水平部分,其他类型的横截面可以认为是参考横截面从中轴线往两端拉伸。数学描述就是图 3-3 中 C 点的横坐标 y_0 为式(3-12)中 x/H 无限趋近于零时的极限值。然而当 x/H 无限趋近于零时,对于式(3-12),$-0.5\ln(2H/x)$ 的极限值却是 $-\infty$,显然 y_0 的求解不能使用极限方法。图 3-18 给出了 x/H 与 $-0.5\ln(2H/x)$ 之间的关系曲线图。由图可知,当 $x/H = 0.001$ 时该曲线有一个转折点。虽然数学上 $x/H = 0.001$ 不是一个极限值,但是实际工程中,土工膜垫高度的 1‰可以视为一极小值。本章假定 $x/H = 0.001$ 时的 x 值为极限最小值,并将 $x/H = 0.001$ 代入式(3-12),即可得到:

$$y_0 = H\left(\frac{1}{2k} - 3.0669\right) \tag{3-17}$$

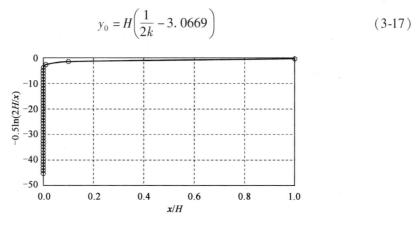

图 3-18 x/H 与 $-0.5\ln(2H/x)$ 之间的关系曲线

如前所述,参考横截面是指高度一定时具有最小周长的土工膜垫横截面,且 $y_0 = 0$。将 $y_0 = 0$ 代入式(3-17)中,可得出参考横截面的高宽比 $k_R = 0.163$。因此,参考横截面可以定义为高宽比 $k_R = 0.163$ 时土工膜垫的横截面。将参考横截面的高宽比 $k_R = 0.163$ 分别代入式(3-13)、式(3-14)和式(3-15)中,即得参考横截面与地基的接触宽度 b_R、参考横截面周长 L_R 和参考横截面面积 A_R 分别为:

$$b_R = 5.602H \tag{3-18}$$

$$A_R = 5.602H^2 \tag{3-19}$$

$$L_R = 13.204H \tag{3-20}$$

3.3.3　与现有计算结果对比

Fowler 等[81]针对土工织物管袋的淤泥排水固结特性开展了一系列现场试验,并通过 GeoCoPS[33]软件对试验过程中的土工织物管袋截面形状进行了计算。得到中,假定土工织物膜垫在充灌过程中内部泥浆来不及固结沉积,得到了充灌完成瞬间极限状态下土工膜垫的横截面和表面张力。本章计算过程中采用相同的计算参数,如土工膜垫的周长为9.144m。充灌高度和充灌泥浆的重度见表3-1。计算所得土工膜垫的面积 A 和宽度 B 如表3-1所示。从表中可以看出,这两种方法所得面积或宽度的差值百分比都小于1.25%。两种方法所得土工膜垫横截面见图3-19,两者结果吻合较好。

解析解与 Fowler 等[81]试验结果比较($L = 9.144\text{m}$)　　　　表 3-1

计算方法	已　知　量		计算结果			
	$H(\text{m})$	$\gamma(\text{kN/m}^3)$	A		B	
			数值(m^2)	差值(%)	数值(m)	差值(%)
解析解	0.82296	10.546	3.085	0.63	4.188	0.28
Fowler 等			3.066		4.176	
解析解	0.54864	10.791	2.207	−1.01	4.316	−0.3
Fowler 等			2.23		4.328	
解析解	0.4572	10.987	1.881	1.25	4.359	0.01
Fowler 等			1.858		4.359	

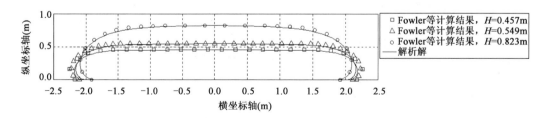

图 3-19　解析解与 Fowler 等[81]使用 GeoCoPS[33]程序所得土工膜垫横截面对比

3.3.4 模型试验对比

本章所推导的解析解与第 2.3.2 节所给出的模型试验结果也进行了对比和分析。计算中,充灌自来水的重度假定为 9.81kN/m³。三个土工膜垫的周长(膜垫 T1 为 2m,膜垫 T2 为 3m,膜垫 T3 为 4m)和模型试验中所测得的土工膜垫高度 H 作为已知条件。计算中的高宽比 k 可采用式(3-15)推导而得:

$$\frac{1}{k} = \frac{L}{2H} - 1 + \left[\sqrt{2} - \ln(\sqrt{2} + 1) \right] \tag{3-21}$$

理论计算结果与模型测试所土工膜垫 T1、T2 和 T3 的横截面见图 3-20。从图中可以看出,由本节所提出的计算理论所得横截面与模型试验所得横截面吻合较好。但是膜垫 T1 和 T2 试验所得横截面上部是稍微向下凹的,这主要是受膜垫 T1 和 T2 上表面充灌口重量的影响。由于膜垫 T3 充灌口位置后来修改到了膜垫下方,充灌口重量不再对土工膜垫的截面形状产生影响。

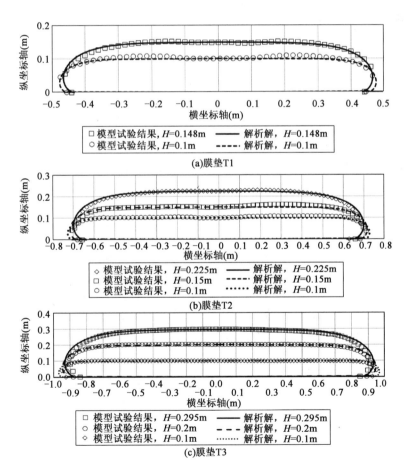

图 3-20　解析解和模型试验所得土工膜垫横截面形状

解析解与模型试验所求得的土工膜垫宽度 B 见图 3-21。从图中可以看出，土工膜垫高度 H 与宽度 B 之间是符合线性关系的，并且从模型试验中所获得的数据几乎全部位于由解析解所确定的 L、B 关系曲线之上。在周长 L 和高度 H 已知的条件下，H 与 B 之间的线性关系也可以由式（3-21）得出。无量纲高度 H/L 与高宽比 k 之间的关系见图 3-22。类似地，土工膜垫和地基间的接触宽度 b 与高度 H 之间也存在显著的线性关系，如图 3-23 所示。同样地，接触宽度 b 与高度 H 之间的线性关系也可从式（3-13）中得到。

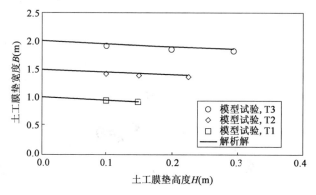

图 3-21　解析解和室内模型试验所得土工膜垫宽度对比

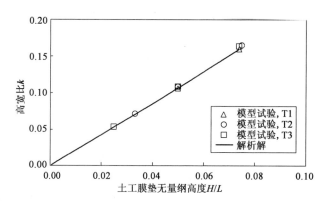

图 3-22　解析解和室内模型试验所得无量纲高度 H/L 与高宽比 k 之间的关系

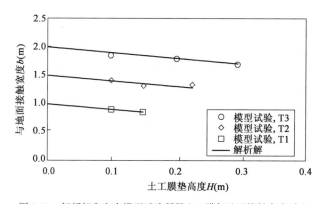

图 3-23　解析解和室内模型试验所得土工膜与地面接触宽度对比

　　室内模型试验和解析解所得膜垫 T1、T2 和 T3 的张力对比结果分别见图 3-24 ～图 3-26。从图中可以看出,由解析解方法得到的张力 T 是恒定不变的,并且远小于模型试验所测得的张力。主要原因可能是应变片本身弯曲变形在应力较小的情况下并不能完全消除,特别是在土工膜垫与地面接触弯起部位,两者所得张力的差别更大。

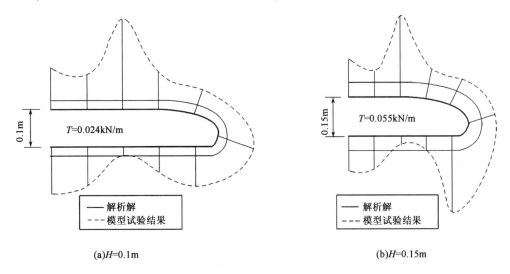

(a)H=0.1m　　　　　　　　　　　　(b)H=0.15m

图 3-24　膜垫 T1 由解析解和模型试验所得张力 T 对比

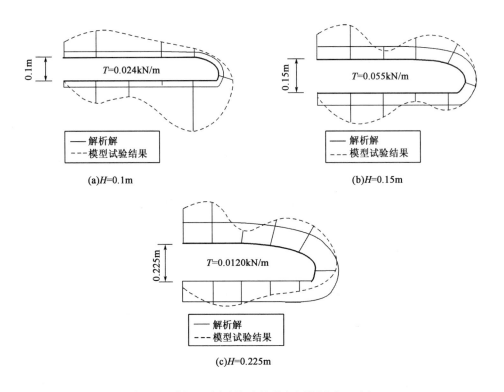

(a)H=0.1m　　　　　　　　　　　　(b)H=0.15m

(c)H=0.225m

图 3-25　膜垫 T2 由解析解和模型试验所得张力 T 对比

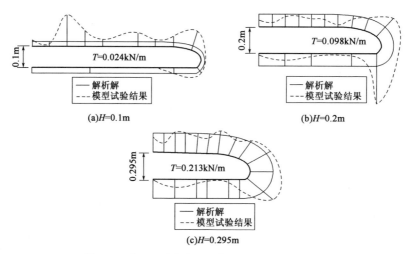

(a)$H=0.1$m

(b)$H=0.2$m

(c)$H=0.295$m

图3-26　膜垫T3由解析解和模型试验所得张力T对比

图3-27给出了室内模型试验和解析解所得土工膜垫高度H与张力T之间的关系曲线。从图中对比结果可以看出,理论结果所得到的土工膜垫张力T与其高度H之间的关系是一个二阶多项式,见式(3-7);室内模型试验所获得的数据比较分散,但结果基本位于解析解的周围。

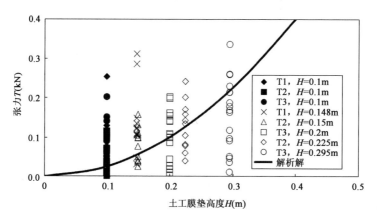

图3-27　土工膜垫高度H与张力T之间的关系曲线

3.4　本章小结

本章对土工膜垫设计计算过程中考虑和不考虑地基土变形两种情况进行了理论分析、数值计算和室内模型试验,进行了相应理论微分方程的推导,并用Runge-Kutta-Merson方法对微分式进行了求解。随后,将以上理论与现有的计算理论、数值分析结果和试验结果进行了对比和验证。同时,给出了刚性地基上土工膜垫的解析解,计算简单便于工程设计人员对土工膜垫进行估算或参数分析。本章提出计算方法也可用于土工织物膜垫在充灌完成瞬间极限状态时的设计计算。

4　双层堆叠土工膜管袋设计计算

4.1　概述

使用土工膜管袋建设堤坝或者其他高层结构,通常需要堆叠多层。土工膜管袋的堆叠方式主要有两种:①上部土工膜管袋直接层层堆叠于底部土工膜管袋[12];②上部管袋横跨在下部两个管袋之上[82-83]。根据地基土变形量的不同,地基土可分为刚性地基和柔性地基。本章主要对双层土工膜管袋置于刚性地基的情况进行了理论分析,并考虑了顶部土工膜管袋充灌压力为零时的情况。根据两个管袋堆叠时袋体间接触面形状的不同,主要分为水平接触、凸起型接触和凹陷型接触三种基本情况。本章介绍和分析了每种情况对应的解析解,并对各关键参数进行了分析,最后将计算结果与 Klusman[83] 的求解方法和试验结果进行了对比和验证。

4.2　基本假设

本节对双层土工膜管袋堆叠置于刚性地基时的截面形状和张力进行了理论分析,推导过程所使用的基本假定有:

(1)土工膜管袋足够长,可视为平面应变问题;

(2)土工织物足够薄,计算时其质量及抗弯刚度可忽略;

(3)土工膜管袋与充灌液体间,土工膜管袋间,以及土工膜管袋与刚性基础间的摩擦力可以忽略;

(4)土工膜管袋内充灌匀质液体且不受外部水的作用。

上述大部分假定也同样被现有的土工膜管袋计算理论所采用。

4.3　水平接触面

4.3.1　理论推导

双层堆叠土工膜管袋接触面呈水平形状时的横截面示意图见图 4-1(a)。此时,接触面上下的静水压力平衡。以接触面为研究对象,由上、下表面的静水压力在竖直方向上的受力平衡分析可知：

$$p_2 = p_1 + \gamma H_1 \tag{4-1}$$

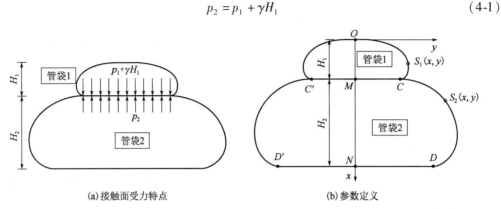

(a) 接触面受力特点　　　　　　　(b) 参数定义

图 4-1　双层堆叠土工膜管袋接触面呈水平接触时的受力分析示意图

此时，上部土工膜管袋的横截面计算理论与第 2.3 节刚性地基上土工膜管袋的横截面计算理论相同。需要指出的是，尽管底部土工膜管袋的上表面水平，因其充灌压力并不为零，其受力特性与土工膜垫并不相同。

水平接触时双层堆叠土工膜管袋的计算简图见图 4-1(b)，其中 x 轴为纵坐标，y 轴为横坐标，坐标系的原点为横截面顶点的中心点。所充灌水或泥浆的重度为 γ，顶部土工膜管袋的高度为 H_1，底部土工膜管袋的高度为 H_2，顶部土工膜管袋和底部土工膜管袋的充灌压力分别为 p_1 和 p_2。两土工膜管袋间的接触线段 CC' 的长度为 L_C，顶部土工膜管袋和底部土工膜管袋的张力分别为 T_1 和 T_2。

由于土工膜管袋横截面关于 x 轴镜像对称，双层堆叠土工膜管袋的横截面可以分为以下四个部分：OC 表示顶部土工膜管袋截面的曲线部分，MC 和 ND 表示管袋截面的水平部分，CD 表示底部土工膜管袋截面的曲线部分。顶部土工膜管袋的拉力可以通过曲线 OC 段上的受力平衡进行计算。由于截面的对称性和曲线的连续性，横截面顶部 O 点和底部 C 点处的拉力 T_1 沿水平方向。在 OC 段水平方向上的力有静水水压和土工膜管袋拉力的水平分量，如图 4-2(a) 所示。以 OC 段为研究对象，根据水平方向上的受力平衡，可得到顶部土工膜管袋拉力的表达式为：

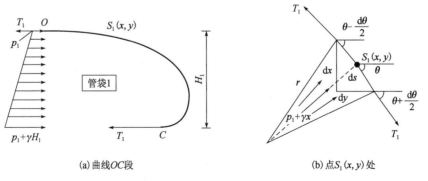

(a) 曲线 OC 段　　　　　　　(b) 点 $S_1(x, y)$ 处

图 4-2　曲线 OC 段的受力分析示意图

$$T_1 = \frac{1}{2}\left(p_1 H_1 + \frac{1}{2}\gamma H_1^2\right) \tag{4-2}$$

曲线 OC 段上任意点 $S_1(x,y)$ 处的受力分析如图 4-2(b)所示,如定义点 $S_1(x,y)$ 处的切线方向与 y 轴的夹角为 θ,则角度 θ 与 x 坐标和 y 坐标相关的两个方程表达式为:

$$\frac{\mathrm{d}x}{\mathrm{d}s} = \sin\theta \tag{4-3}$$

$$\frac{\mathrm{d}y}{\mathrm{d}s} = \cos\theta \tag{4-4}$$

点 $S_1(x,y)$ 处的内部静水压力为 $p_1 + \gamma x$,其中 x 为点 $S_1(x,y)$ 的 x 坐标,p_1 为顶部土工膜管袋的充灌压力。根据点 $S_1(x,y)$ 处法向和切向方向上的受力平衡可知:

$$\frac{\mathrm{d}\theta}{\mathrm{d}s} = \frac{1}{T_1}(p_1 + \gamma x) \tag{4-5}$$

$$\frac{\mathrm{d}T_1}{\mathrm{d}s} = 0 \tag{4-6}$$

为求式(4-2)~式(4-6)这一微分方程组,需要满足以下边界条件:

(1)当 $x = 0$ 时,$y = 0$,$\theta = 0$,见图 4-1(b)中的 O 点;

(2)当 $x = H_1$ 时,$y = L_C$,$\theta = \pi$,见图 4-1(b)中的 C 点;

(3)$L_C = \gamma A_1 / (p_1 + \gamma H_1)$,其中 A_1 为顶部土工膜管袋的横截面面积。

曲线 CD 段的受力分析图见图 4-3(a),作用在该曲线上任意一点 $S_2(x,y)$ 处的静水压力为 $p_2 + \gamma(x - H_1)$。由式(4-1)可知,底部土工膜管袋的充灌压力为 $p_2 = p_1 + \gamma H_1$。因此,作用在点 $S_2(x,y)$ 处的静水压力为 $p_1 + \gamma x$,其中 x 为点 $S_2(x,y)$ 的 x 坐标。则 CD 段的微分方程表达式为:

$$\frac{\mathrm{d}\theta}{\mathrm{d}s} = \frac{1}{T_2}(p_1 + \gamma x) \tag{4-7}$$

$$\frac{\mathrm{d}T_2}{\mathrm{d}s} = 0 \tag{4-8}$$

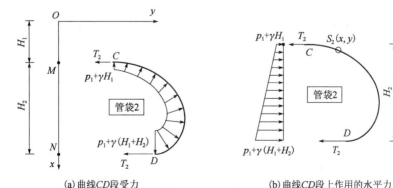

(a)曲线 CD 段受力   (b)曲线 CD 段上作用的水平力

图 4-3 曲线 CD 的受力分析示意图

曲线 CD 段在水平方向上的受力分析示意图见图 4-3(b)。由水平方向上的受力平衡分析可知：

$$T_2 = \frac{1}{2}\left(p_1 H_2 + \gamma H_1 H_2 + \frac{1}{2}\gamma H_2^2\right) \tag{4-9}$$

为求解式(4-7)~式(4-9)，需满足以下边界条件：

（1）当 $x = H_1$ 时，$y = L_C$，$\theta = 0$，见图4-3(a)中的 C 点；

（2）当 $x = H_1 + H_2$ 时，$y = b/2$，$\theta = \pi$，见图4-3(a)中的 D 点，其中 b 为与地基的接触宽度。

求解方程式(4-2)~式(4-9)，除了满足上述边界条件之外，还需要满足以下受力平衡方程：

$$\gamma(A_1 + A_2) = (p_1 + \gamma H_1 + \gamma H_2)b \tag{4-10}$$

$$\gamma A_1 = (p_1 + \gamma H_1)L_C \tag{4-11}$$

双层堆叠土工膜管袋接触面水平时的横截面和张力，可由上述初始条件和边界条件进行求解。求解过程中，已知参数为充灌液体的重度 γ，顶部和底部土工膜管袋的周长 L_1 和 L_2 以及高度 H_1 和 H_2；未知参数为两个管袋间的接触面长度 L_C，底部土工膜管袋与地面的接触宽度 b，以及顶部和底部土工膜管袋的充灌压力 p_1 和 p_2。需要说明的是，已知参数 H_1、H_2 和未知参数 p_1、p_2 并不是完全限定的，已知4个参数中的任意2个都可以对该问题进行求解。本书求解采用 Box[58] 所提出的复合搜索算法搜索未知参数[59]，并通过变步长 Runge-Kutta-Merson(RKM4)[67-68]方法对微分方程组进行求解。

4.3.2 顶部土工膜管袋充灌压力为零时的计算分析

当顶部土工膜管袋的充灌压力 p_1 为零时，顶部土工膜管袋上表面变为水平，此时可以视为第3章所述的土工膜垫，如图4-4所示。如将 $p_1 = 0$ 分别代入式(4-2)、式(4-5)、式(4-6)，可得顶部土工膜管袋的微分方程式为：

$$T_1 = \gamma H_1^2/4 \tag{4-12}$$

$$\frac{\mathrm{d}\theta}{\mathrm{d}s} = \frac{\gamma x}{T_1} \tag{4-13}$$

$$\frac{\mathrm{d}T_1}{\mathrm{d}s} = 0 \tag{4-14}$$

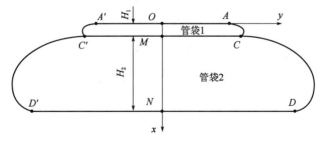

图4-4 水平接触的双层堆叠土工膜管袋横截面($p_1 = 0, p_2 > 0$)

此时,为求解式(4-3)、式(4-4),以及式(4-12)~式(4-14),应满足以下边界条件:

(1)当 $x = 0$ 时,$y = y_0$,$\theta = 0$,其中 y_0 为顶部土工膜管袋顶部的水平段长度,见图4-4中 OA 段;

(2)当 $x = H_1$ 时,$y = L_C$,$\theta = \pi$,见图4-4中的 C 点;

(3)$L_C = \gamma A_1 / (\gamma H_1)$,其中 A_1 为顶部土工膜管袋的横截面面积。

计算底部土工膜管袋横截面上的 CD 段形状时,因 $p_1 = 0$,则作用在该线段上的静水压力为 γx。将 $p_1 = 0$ 分别代入式(4-7)~式(4-9)中,可得底部土工膜管袋的控制微分方程为:

$$\frac{\mathrm{d}\theta}{\mathrm{d}s} = \frac{\gamma x}{T_2} \tag{4-15}$$

$$\frac{\mathrm{d}T_2}{\mathrm{d}s} = 0 \tag{4-16}$$

$$T_2 = \frac{1}{2}\left(\gamma H_1 H_2 + \frac{1}{2}\gamma H_2^2\right) \tag{4-17}$$

为求解上述方程组,除了满足上述边界条件之外,还需要满足整体受力平衡方程,将 $p_1 = 0$ 代入式(4-10)和式(4-11),可以得到以下约束条件:

$$\gamma(A_1 + A_2) = \gamma(H_1 + H_2)b \tag{4-18}$$

$$\gamma A_1 = \gamma H_1 L_C \tag{4-19}$$

式(4-3)、式(4-4)、式(4-12)~式(4-14),以及式(4-7)~式(4-9)可以通过第4.3.1节中所述的求解过程进行求解。求解过程中,已知参数为充灌泥浆的重度 γ,顶部和底部土工膜管袋的周长 L_1 和 L_2 以及高度 H_1 和 H_2;未知参数为两个管袋间的接触长度 L_C,底部土工膜管袋与地面的接触宽度 b,底部土工膜管袋的充灌压力 p_2,以及顶部土工膜管袋的初始水平长度 y_0。y_0 的计算需采用试算法,具体过程可以参考第3章所述土工膜垫的计算方法。

4.4 凸起型接触面

4.4.1 理论推导

双层堆叠土工膜管袋接触面呈凸起形状时的横截面示意图见图4-5(a)。此时,作用在接触面底部的静水压力下比作用在其顶部的大。如假定作用在接触面顶部和底部的静水压力分别为 p_T 和 p_B,那么 $p_B > p_T$。

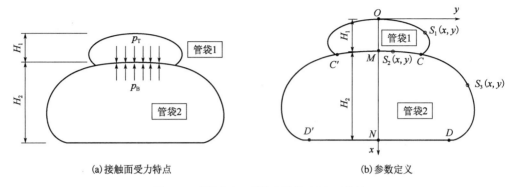

(a)接触面受力特点　　　　　　　　　　　　(b)参数定义

图 4-5　双层堆叠土工膜管袋横截面凸起型接触

本节所使用的各参数的定义方法与第 4.3 节相同,双层土工管袋的横截面示意图见图 4-5(b)。接触面 CC' 段上任意点 $S_2(x,y)$ 处的受力分析示意图见图 4-6(a)。作用在点 $S_2(x,y)$ 上、下表面的静水压力分别为 $p_1 + \gamma x$ 和 $p_2 + \gamma(x - H_1)$,该点处的曲率半径可求解为:

$$\frac{1}{R} = \frac{\mathrm{d}\theta}{\mathrm{d}s} = \frac{(p_1 + \gamma x) - [p_2 - \gamma(x - H_1)]}{T_1 + T_2} = \frac{p_1 - p_2 + \gamma H_1}{T_1 + T_2} \tag{4-20}$$

由式(4-20)可以看出,曲线 CC' 段上任意点 $S_2(x,y)$ 处的曲率半径与 x、y 坐标值无关,而是半径为 R 和中心角为 2α 的圆弧,如图 4-6(b)所示。半径 R 可以由充灌压力 p_1 和 p_2,顶部土工膜管袋高度 H_1 以及两个管袋的拉力 T_1 和 T_2 进行计算。中心角 2α 的值与堆叠的土工膜管袋横截面有关,且 $\alpha = \theta_C - \pi$,其中 θ_C 为 C 点的切线方向和 y 轴之间的夹角。对于凸起型接触面的土工膜管袋,夹角 $\theta_C > \pi$。圆弧长度 $L_C = 2R(\theta_C - \pi)$。需要说明的是,在这种情况下,式(4-20)中的半径 R 为负值。这是因为作用在接触面上下的静水压力 $p_1 + \gamma H_1 < p_2$。弧线 CC' 的计算式为:

$$[x - (-R + H_1)]^2 + y^2 = R^2 \tag{4-21}$$

式中,$H_1 < x < H_1 - R(1 - \cos\alpha)$,$R\sin\alpha < y < -R\sin\alpha$。

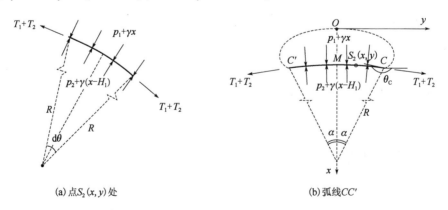

(a)点 $S_2(x,y)$ 处　　　　　　　　　　　　(b)弧线 CC'

图 4-6　点 $S_2(x,y)$ 处微元和弧线 CC' 的受力分析示意图

顶部土工膜管袋的拉力可以通过曲线 OC 段的受力平衡分析求得,其受力分析示意图见图 4-7(a)。由于水平方向上的力只有充灌液体的静水压力和张力的水平分量,如图 4-7(b)所示,则由这两个力的受力平衡可以求得顶部土工膜管袋的张力 T_1,表达式为:

$$T_1 = \left\{ P_1 \left[H_1 - R(1 - \cos\alpha) \right] + \frac{1}{2}\gamma \left[H_1 - R(1 - \cos\alpha) \right]^2 \right\} / (1 + \cos\alpha) \quad (R < 0)$$

$$(4\text{-}22)$$

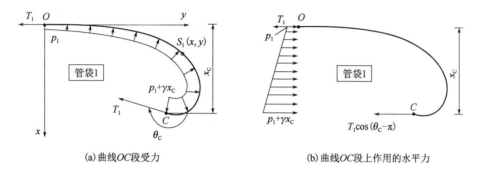

(a) 曲线OC段受力   (b) 曲线OC段上作用的水平力

图 4-7 顶部土工膜管袋中曲线 OC 段的受力分析示意图

曲线 OC 段的基本微分方程表达式与第 4.3 节水平接触面情况时的式(4-3)~式(4-6)相同。应当指出,点 C 的切线方向此时与 y 轴之间的夹角 $\theta_C > \pi$。式(4-3)~式(4-6)和式(4-22)的求解过程,需同时满足以下边界条件:

(1)当 $x = 0$ 时,$y = 0$,$\theta = 0$,见图 4-7 中的 O 点;

(2)当 $x = H_1 - R(1 - \cos\alpha)$ 时,$y = -R\sin\alpha$,$\theta = \theta_C$,见图 4-7 中的 C 点。

底部土工膜管袋 CD 段的受力分析示意图见图 4-8(a)。由于水平方向上的力只有静水压力和表面张力的水平分量,见图 4-8(b),则由水平方向上分力的受力平衡可得底部土工膜管袋的拉力 T_2 表达式为:

$$T_2 = \left\{ P_2 \left[H_2 + R(1 - \cos\alpha) \right] + \frac{1}{2}\gamma \left[H_2 + R(1 - \cos\alpha) \right]^2 \right\} / (1 + \cos\alpha) \quad (R < 0)$$

$$(4\text{-}23)$$

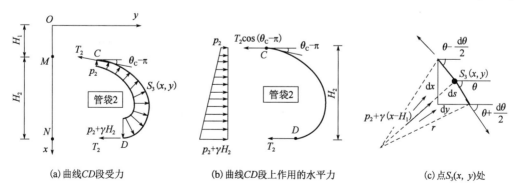

(a) 曲线CD段受力   (b) 曲线CD段上作用的水平力   (c) 点$S_3(x, y)$处

图 4-8 底部土工膜管袋 CD 段的受力分析示意图

底部土工膜管袋 CD 段上的任意点 $S_3(x,y)$ 的受力分析示意图见图4-8(c),作用在该点上的静水压力为 $p_2 + (\gamma x - H_1)$,其中 p_2 为底部土工膜管袋的充灌压力。由 $S_3(x,y)$ 处的法向和切向上的受力平衡可求得:

$$\frac{\mathrm{d}\theta}{\mathrm{d}s} = \frac{p_2 + \gamma(x - H_1)}{T_2} \tag{4-24}$$

$$\frac{\mathrm{d}T_2}{\mathrm{d}s} = 0 \tag{4-25}$$

求解式(4-23)、式(4-25)时,需满足以下边界条件:

(1)当 $x = H_1 - R(1 - \cos\alpha)$ 时,$y = -R\sin\alpha$,$\theta = \theta_\mathrm{C} - \pi$,见图4-8中的 C 点;

(2)当 $x = H_1 + H_2$ 时,$y = b/2$,$\theta = \pi$,见图4-8中的 D 点。

当双层堆叠土工膜管袋接触面呈凸起型接触时,式(4-3)~式(4-6)和式(4-20)~式(4-25)除了需要满足以上讨论的所有初始条件和边界条件外,还需满足以下受力平衡方程:

$$\gamma(A_1 + A_2) = (p_2 + \gamma H_2)b \tag{4-26}$$

$$\gamma(A_1 + A_2) = (p_2 + \gamma H_2)b \tag{4-27}$$

求解过程中的输入参数为充灌泥浆的重度 γ,顶部和底部土工膜管袋的周长 L_1 和 L_2 以及高度 H_1 和 H_2。未知参数为接触面的半径 R 或长度 L_C,底部土工膜管袋与地面的接触宽度 b,顶部和底部土工膜管袋的充灌压力 p_1 和 p_2。应当指出的是,输入参数 H_1、H_2 和未知参数 p_1、p_2 并不是限定不变的,4个参数中的任意2个参数都可以作为输入量,另外2个参数则可作为未知量。

4.4.2 顶部土工膜管袋充灌压力为零时的计算分析

当顶部土工膜管袋充灌压力 p_1 为零时,管袋表面变平,如图4-9所示。如将 $p_1 = 0$ 分别代入式(4-20)和式(4-22),可得顶部土工膜管袋求解微分方程为:

$$\frac{1}{R} = \frac{\mathrm{d}\theta}{\mathrm{d}s} = \frac{\gamma x - [p_2 + \gamma(x - H_1)]}{T_1 + T_2} = \frac{\gamma H_1 - p_2}{T_1 + T_2} \tag{4-28}$$

$$T_1 = \frac{1}{2}\gamma[H_1 - R(1 - \cos\alpha)]^2/(1 + \cos\alpha) \qquad (R < 1) \tag{4-29}$$

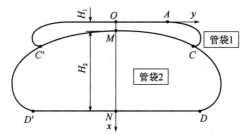

图4-9 双层堆叠土工膜管袋接触面呈凸起型接触($p_1 = 0$,$p_2 > 0$)

图 4-9 中,曲线 CD 段的基本微分方程与第 4.4.1 节所述凸起型接触的双层堆叠管袋的基本方程相同。求解式(4-3)、式(4-4),以及式(4-13)、式(4-14)、式(4-29)时,需满足以下边界条件:

(1)当 $x=0$ 时,$y=y_0$,$\theta=0$,其中 y_0 为顶部土工膜管袋顶面水平段长度,见图 4-9 中的 OA 段;

(2)当 $x=H_1-R(1-\cos\alpha)$ 时,$y=R\sin\alpha$,$\theta=\theta_C$,见图 4-9 中的 C 点。

求解式(4-3)、式(4-4)、式(4-13)、式(4-14)、式(4-21)~式(4-25)、式(4-28)、式(4-29)时,已知参数为充灌泥浆的重度 γ,顶部和底部土工膜管袋的周长 L_1 和 L_2,以及高度 H_1 和 H_2。未知参数为两个管袋间的接触长度 L_C,底部土工膜管袋与地面的接触宽度 b,底部土工膜管袋的充灌压力 p_2,以及顶部土工膜管袋的初始水平长度 y_0。y_0 的计算可以参照第 3 章中的土工膜垫计算方法。所求得的方程解需同时满足以下边界条件:

(1)当 $x=H_1-R(1-\cos\alpha)$ 时,$y=R\sin\alpha$,$\theta=\theta_C-\pi$,见图 4-9 中的 C 点;

(2)当 $x=H_1+H_2$ 时,$y=b/2$,$\theta=\pi$,见图 4-9 中的 D 点。

4.5 凹陷型接触面

4.5.1 理论推导

当作用在顶部和底部土工膜管袋接触面上的水压力 $p_B<p_T$ 时,土工膜管袋间的接触面为凹陷型接触,如图 4-10 所示。由图可知,底部土工膜管袋横截面的最高点并不在点 M 处,而是在点 E 和 E' 处。为了与先前的理论保持推导一致,本节定义底部土工膜管袋的充灌压力 p_2 仍然为对称轴顶部上的静水压力,即图 4-10(b)中 M 点处的静水压力。

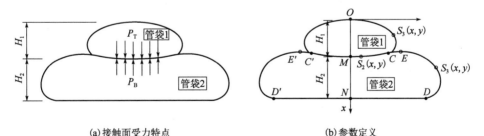

(a)接触面受力特点　　　　　　(b)参数定义

图 4-10　双层堆叠土工膜管袋接触面呈凹陷型接触

图 4-10 中,曲线 CC' 段上任意点 $S_2(x,y)$ 处的受力分析示意图见图 4-11(a),该点上表面的静水压力为 $p_1+\gamma x$,下表面的静水压力为 $p_2+\gamma(x-H_1)$。点 $S_2(x,y)$ 处弧段的曲率半径为:

$$\frac{1}{R}=\frac{\mathrm{d}\theta}{\mathrm{d}s}=\frac{(p_1+\gamma x)-[p_2+\gamma(x-H_1)]}{T_1+T_2}=\frac{p_1+\gamma H_1-p_2}{T_1+T_2} \tag{4-30}$$

由式(4-30)可以看出,点 $S_2(x,y)$ 处的曲率半径与 x 和 y 坐标值无关。曲线 CC' 是半径为 R 和中心角为 2α 的圆弧,如图4-11(b)所示。由于接触面顶部的静水压力大于底部的静水压力,弧的半径 R 的值大于零。中心角 2α 的值与堆叠的土工膜管袋的横截面周长有关且 $\alpha = \pi - \theta_C$,其中 θ_C 为 C 点处的切线方向与 y 轴夹角,且 $\theta_C > \pi$。弧线 CC' 的长度 $L_C = 2R(\pi - \theta_C)$,其表达式为:

$$\left[x + (R - H_1) \right]^2 + y^2 = R^2 \tag{4-31}$$

式中,$H_1 - R(1 - \cos\alpha) < x < H_1$,$-R\sin\alpha < y < R\sin\alpha$。

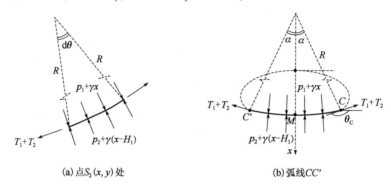

(a) 点 $S_2(x,y)$ 处   (b) 弧线 CC'

图4-11　点 $S_2(x,y)$ 处微元和弧线 CC' 的受力分析示意图

曲线 OC 段的受力分析示意图见图4-12。该曲线段的基本微分方程与水平接触面情况的式(4-3)~式(4-6)相同,其拉力 T_1 可以通过曲线 OC 段水平方向上的受力平衡分析得出:

$$T_1 = \left\{ P_1 \left[H_1 + R(1 - \cos\alpha) \right] + \frac{1}{2}\gamma \left[H_1 + R(1 - \cos\alpha) \right]^2 \right\} / (1 + \cos\alpha) \qquad (R > 0) \tag{4-32}$$

式中,α 为弧线 CC' 的中心角的 $1/2$,$\alpha = \pi - \theta_C$;R 为弧线 CC' 的半径。

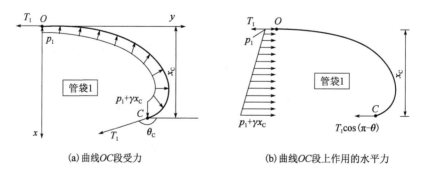

(a) 曲线 OC 段受力   (b) 曲线 OC 段上作用的水平力

图4-12　顶部土工膜管袋横截面上 OC 段的受力分析示意图

求解式(4-3)~式(4-6)和式(4-23)时,需满足以下边界条件:

(1)当 $x = 0$ 时,$y = 0$,$\theta = 0$,见图4-12中的 O 点;

(2)当 $x = H_1 - R(1 - \cos\alpha)$ 时,$y = R\sin\alpha$,$\theta = \theta_C$,见图4-12中的 C 点。

曲线 CD 段的受力分析示意图见图4-13(a)。由于曲线 CD 水平方向上的力只有静

水压力和张力的水平分量,见图4-13(b),则由水平方向上的受力平衡可求得底部土工膜管袋的拉力 T_2 为:

$$T_2 = \left\{ P_2\left[H_2 + R(1-\cos\alpha)\right] + \frac{1}{2}\gamma\left[H_2 + R(1-\cos\alpha)\right]^2\right\}/(1+\cos\alpha) \qquad (R>0)$$

$$(4-33)$$

式中,α 为曲线 CD 的中心角的 $1/2$,$\alpha = \pi - \theta_C$;R 为弧线 CC' 的半径。

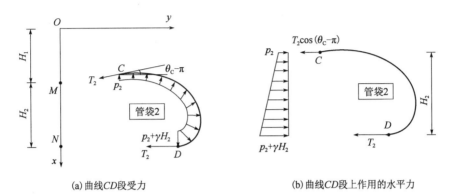

图4-13 底部土工膜管袋曲线 CD 段的受力分析示意图

曲线 CD 段的控制微分方程组,即式(4-24)、式(4-25)和式(4-32)的求解需满足以下边界条件:

(1)当 $x = H_1 - R(1-\cos\alpha)$ 时,$y = R\sin\alpha$,$\theta = \theta_C - \pi$,见图4-13 中的 C 点;

(2)当 $x = H_1 + H_2$ 时,$y = b/2$,$\theta = \pi$,见图4-13 中的 D 点。

接触面方程式(4-30)及式(4-31),微分方程式(4-3)~式(4-6)、式(4-24)、式(4-25),以及张力控制方程式(4-32)与式(4-33),可以使用上述的边界条件进行求解。输入和输出参数与第4.4.1节中讨论的双层堆叠土工膜管袋接触面呈凸起型接触情况相同。

4.5.2 顶部土工膜管袋充灌压力为零时的计算分析

当顶部土工膜管袋充灌压力 p_1 为零时,顶部土工膜管袋上表面变为水平,如图4-14所示。将 $p_1=0$ 分别代入式(4-30)和式(4-32),可得顶部土工膜管袋求解微分方程为:

$$\frac{1}{R} = \frac{d\theta}{ds} = \frac{\gamma x - [p_2 + \gamma(x-H_1)]}{T_1+T_2} = \frac{\gamma H_1 - p_2}{T_1+T_2} \qquad (4-34)$$

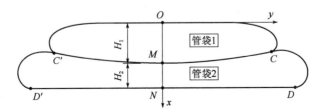

图4-14 凹陷型接触的双层堆叠土工膜管袋横截面($p_1=0,p_2>0$)

$$T_1 = \frac{1}{2}\gamma\left[H_1 + R(1 - \cos\alpha)\right]^2 / (1 + \cos\alpha) \qquad (R > 0) \qquad (4\text{-}35)$$

曲线 OC 段和 CD 段的基本方程和边界条件与第 4.4.2 节中讨论的堆叠土工膜管袋接触面呈凸起型接触相同。求解式(4-3)、式(4-4)、式(4-13)、式(4-14)、式(4-21)~式(4-25)、式(4-33)、式(4-34)时,已知参数为充灌泥浆的重度 γ,顶部和底部土工膜管袋的周长 L_1 和 L_2 以及高度 H_1 和 H_2;未知参数为两土工膜管袋间的接触长度 L_C,底部土工膜管袋与地面的接触宽度 b,底部土工膜管袋的充灌压力 p_2,以及顶部土工膜管袋的初始水平长度 y_0。y_0 的计算可以参照第 3 章中的土工膜垫计算方法。

4.6 对比验证

4.6.1 计算理论与现有理论对比

为验证所提出理论的可靠性,本书将其与 Klusman[83] 给出的计算结果进行了对比。Klusman 计算结果中的参数为无量纲参数。为保证两者的一致性,本书采用相同的无量纲化处理方法,将顶部和底部土工膜管袋的高度 H_1 和 H_2 除以横截面长度 L,土工膜管袋内部水头 H_w 除以 L,土工膜管袋张力 T 除以 γL^2。因此,计算中充灌液体的重度为 1.0,两个管袋的周长 L 为 1m,且将顶部和底部土工膜管袋中的总水头作为已知量。迭代计算中,总水头减去土工膜管袋高度以计算充灌压力。不同水头下,Klusman 和本书所提出理论方法所计算的堆叠土工膜管袋横截面见图 4-15 ~ 图 4-17,可以看出两种计算方法所得计算结果吻合性良好。

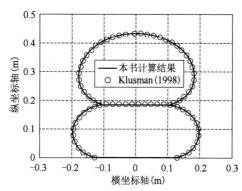

图 4-15 水平接触时本书方法与 Klusman 方法对比
($L_1 = L_2 = 1.0, H_{w1} = H_{w2} = 0.6, \gamma = 1.0$)

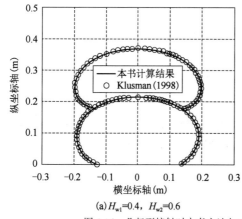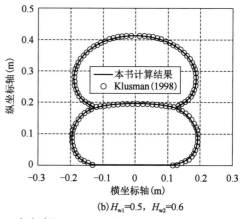

(a) $H_{w1}=0.4$, $H_{w2}=0.6$　　　　　　(b) $H_{w1}=0.5$, $H_{w2}=0.6$

图 4-16 凸起型接触时本书方法与 Klusman 方法对比($L_1 = L_2 = 1.0, \gamma = 1.0$)

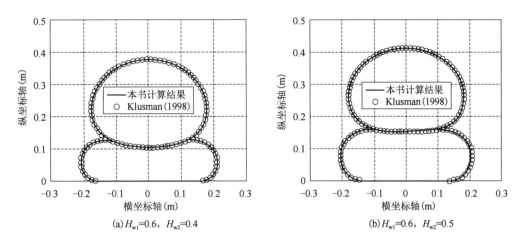

(a) $H_{w1}=0.6$, $H_{w2}=0.4$　　　　　(b) $H_{w1}=0.6$, $H_{w2}=0.5$

图 4-17　凹陷型接触时本书方法与 Klusman 方法对比（$L_1 = L_2 = 1.0$，$\gamma = 1.0$）

4.6.2　计算理论与试验结果对比

为了验证本书计算方法的有效性和准确性,本节开展了大型室内模型试验。试验中使用了 3 种土工膜管袋,尺寸分别为长度 2m × 宽度 1m（管袋 T1）,长度 3m × 宽度 1.5m（管袋 T2）,长度 4m × 宽度 2m（管袋 T3）,并用自来水进行充灌。土工膜管袋的材料性质、充灌和测量方法见第 2.3.2 节。试验过程中的照片如图 4-18 所示。

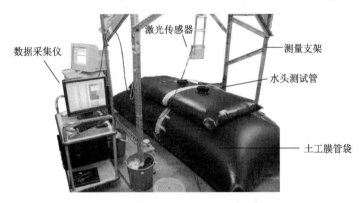

图 4-18　双层堆叠土工膜管袋室内模型试验照片

试验步骤为:①将两层土工膜管袋平放于地面上的预定位置并保持中心线对齐;②使用真空泵抽取袋内空气,见图 4-19(a),以避免土工膜管袋内残留空气对截面形状的影响;③充灌底部土工膜管袋到设计高度,见图 4-19(b),即充灌至 0.295m;④充灌顶部土工膜管袋到设计高度,见图 4-19(c),即充灌至总高度为 0.4m;⑤随后测量两层土工膜管袋的截面形状,并记录应变片读数,完成一组试验过程。如若要进行下一组试验,需重复步骤④、⑤直到两层土工膜管袋的高度达到设计高度。图 4-19(d)为两层土工膜管袋充灌总高度达到 0.65m 时的情况。

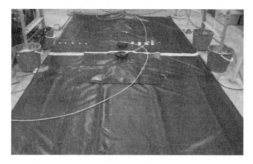

(a)土工膜管袋抽气完成

(b)底部土工膜管袋充灌至0.295m

(c)两层土工膜管袋充灌至0.4m

(d)两层土工膜管袋充灌至0.65m

图 4-19　双层堆叠土工膜管袋室内模型试验过程

　　由室内试验和理论计算所得土工膜管袋 T1 置于底部管袋 T2 上方时的横截面形状对比见图 4-20,底部管袋 T2 堆叠前的充灌高度为 0.566m,充灌完成后双层土工膜管袋的高度分别为 0.7m、0.8m 和 0.9m。由图可见,顶部管袋 T1 的面积随着充灌高度的增加而增大,底部管袋 T2 的截面被逐渐压瘪。两个管袋内部的水头比 H_{w1}/H_{w2} 由图 4-20(a)中的 0.85 增加到图 4-20(c)中的 1.02。这表明三组试验中两个土工膜管袋的接触面由凸起型($H_{w1}/H_{w2}<1.0$)逐步演化为凹陷型($H_{w1}/H_{w2}>1.0$)。

　　其中,双层土工膜管袋总充灌高度为 0.7m 时,理论计算和室内试验所得管袋 T1 压在管袋 T2 时的横截面形状见图 4-20(a)。计算过程中,以 $L_1=2.0$m, $L_2=3.0$m, $\gamma=10$kN/m³, $H_{w1}=0.700$m, $H_{w2}=0.822$m 为输入参数。所求得结果为: $L_c=0.76$m, $b=0.826$m, $H_1=0.138$m, $H_2=0.562$m。由图可知两种结果吻合较好。同理,总充灌高度为 0.8m 和 0.9m 时,理论计算和室内试验所得管袋 T1 压在管袋 T2 的横截面形状,分别见图 4-20(b)和图 4-20(c)。

　　总充灌高度为 0.7m、0.8m 和 0.9m 时,由室内试验和理论计算所得管袋 T2 置于管袋 T3 上方时的横截面形状对比见图 4-21。底部土工膜管袋 T3 堆叠前充灌高度为 0.295m。两个管袋内部的水头比 H_{w1}/H_{w2} 由图 4-21(a)中的 1.126 增加到图 4-21(c)中的 1.567。这表明两个土工膜管袋的接触面都为凹陷型($H_{w1}/H_{w2}>1.0$)。

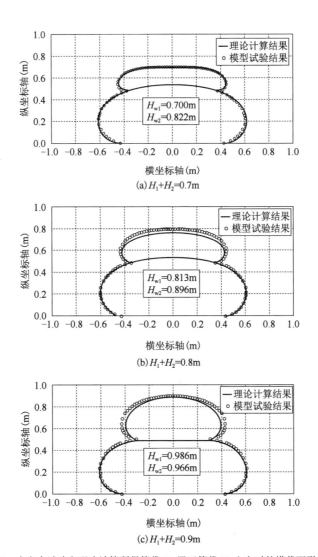

图 4-20 由室内试验和理论计算所得管袋 T1 置于管袋 T2 上方时的横截面形状对比

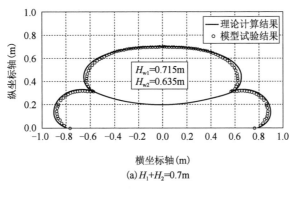

图 4-21

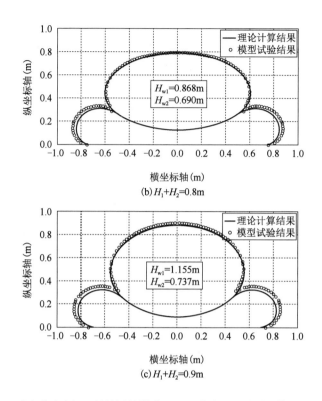

(b) $H_1+H_2=0.8\text{m}$

(c) $H_1+H_2=0.9\text{m}$

图 4-21　由室内试验和理论计算所得管袋 T2 置于管袋 T3 上方时的横截面形状对比

　　其中,计算总充灌高度为 0.7m 的横截面时,见图 4-21(a),以 $L_1=3.0\text{m}$,$L_2=4.0\text{m}$,$\gamma=10\text{kN/m}^3$,$H_{w1}=0.715\text{m}$,$H_{w2}=0.635\text{m}$ 为已知量。计算结果为:$L_C=1.185\text{m}$,$b=1.535\text{m}$,$H_1=0.499\text{m}$,$H_2=0.201\text{m}$。在总充灌高度为 0.8m 和 0.9m 时,理论计算和室内试验所得管袋 T1 置于管袋 T2 上的横截面形状分别见图 4-21(b)和图 4-21(c)。由图可以看出,理论计算和室内试验所得结果吻合较好。

　　由室内试验和理论计算所得管袋 T1 置于管袋 T3 上方,总充灌高度为 0.8m、0.9m 和 1.0m 时的横截面形状分别见图 4-22(a)、图 4-22(b)和图 4-22(c)。底部土工膜管袋 T3 堆叠前的充灌高度为 0.625m。两个管袋内部的水头比 H_{w1}/H_{w2} 由图 4-22(a)中的 1.037 增加到图 4-22(c)中的 1.520。这表明两个土工膜管袋的接触面都为凹陷型($H_{w1}/H_{w2}>1.0$)。由图 4-22 可以看出理论计算和室内试验所得结果吻合较好。

　　本书也对堆叠土工膜管袋顶部土工膜管袋充灌压力为零时的理论计算与模型试验结果进行了对比,见图 4-23(a)。理论计算中的已知参数为:上、下土工膜管袋的周长 $L_1=3\text{m}$、$L_2=4\text{m}$;充灌水的重度为 9.81kN/m^3;上、下土工膜管袋的水头 $H_{w1}=0.4\text{m}$、$H_{w2}=0.385\text{m}$。计算结果为:管袋之间的接触长度 $L_C=1.365\text{m}$,顶部土工膜管袋水平段长度 $y_0=0.734\text{m}$,底部土工膜管袋与地面的接触宽度 $b=1.67\text{m}$,以及底部土工膜管袋高度 $H_1=0.1522\text{m}$。

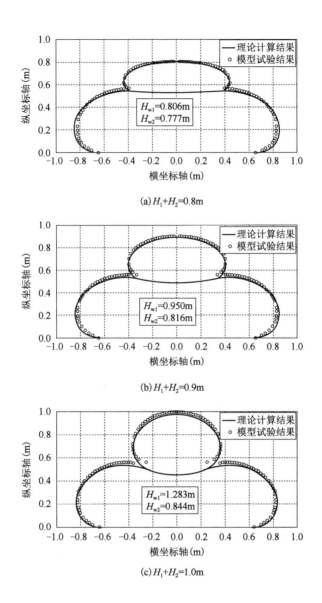

(a) $H_1+H_2=0.8\text{m}$

(b) $H_1+H_2=0.9\text{m}$

(c) $H_1+H_2=1.0\text{m}$

图 4-22 由室内试验和理论计算所得管袋 T1 置于管袋 T3 上方时的横截面形状对比

对于双层堆叠土工膜管袋接触面呈水平型接触且顶部土工膜管袋充灌压力为零时的理论计算与模型试验结果见图 4-23（b）。需指出的是，图中模型试验的上下土工膜管袋接触面只是接近水平接触。上部管袋水头 $H_{w1}=0.5\text{m}$ 要略大于下部管袋内的水头 $H_{w2}=0.498\text{m}$，实际接触面仍然是略微凹陷型的，本书计算中也采用了凹陷型接触的计算方法。计算中已知参数为：$L_1=2\text{m}$，$L_2=4\text{m}$，$\gamma=9.81\text{kN/m}^3$。求解结果为：管袋之间的接触长度 $L_c=0.9086\text{m}$，水平截面的长度 $y_0=0.663\text{m}$，底部土工膜管袋与地面的接触宽度 $b=1.5313\text{m}$，底部土工膜管袋高度 $H_1=0.4118\text{m}$。

图4-23(c)给出了双层堆叠土工膜管袋接触面呈凸起型接触且顶层土工膜管袋充灌压力为零时的理论计算与模型试验结果。理论计算中的已知参数为:上、下土工膜管袋的周长 $L_1 = 3\text{m}$、$L_2 = 4\text{m}$;充填用水的重度 $\gamma = 9.81\text{kN/m}^3$;上、下两个土工膜管袋的水头 $H_{w1} = 0.8\text{m}$、$H_{w2} = 0.98\text{m}$。计算结果为:管袋之间的接触长度 $L_C = 1.252\text{m}$,水平截面的长度 $y_0 = 0.67\text{m}$,底部土工膜管袋与地面的接触宽度 $b = 1.086\text{m}$,底部土工膜管袋高度 $H_1 = 0.7313\text{m}$。

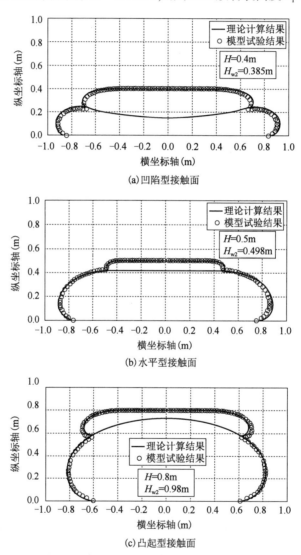

图4-23 顶部土工膜管袋充灌压力为零时的理论计算与模型试验结果对比

对于双层堆叠土工膜管袋的表面张力理论计算结果与模型试验结果的对比,本书只选取了图4-20(b)、图4-21(b)和图4-22(b)对应的张力分布计算结果进行了比较,分别见图4-24(a)、图4-24(b)和图4-24(c)。由图可知,试验所测得的张力相对比较分散,土工膜管袋底部的张力由外到内逐渐减小,见图4-24(a)中的 DO 段。这主要是由于底部土工膜管袋与地面摩擦力的影响,但理论计算中并没有考虑摩擦力的影响,所以上下管袋的张力都保持恒定。总体来讲,理论计算结果的精度能够满足工程需要。

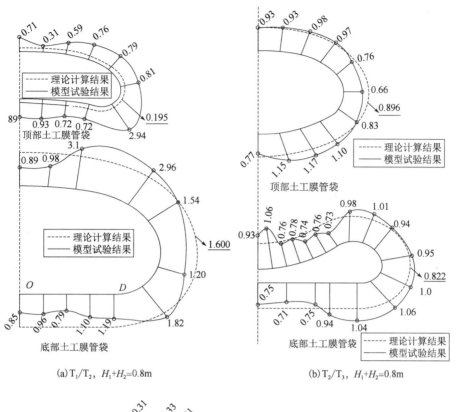

(a) T_1/T_2, $H_1+H_2=0.8m$　　　　　　(b) T_2/T_3, $H_1+H_2=0.8m$

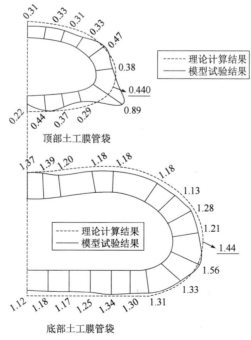

(c) T_1/T_3, $H_1+H_2=0.9m$

图 4-24　双层堆叠土工膜管袋的表面张力理论计算与模型试验结果对比

4.7　参数分析

本节对堆叠土工膜管袋的关键参数进行了分析,以研究其对双层堆叠土工膜管袋截面形状和受力特性的影响。计算中采用以下方法对参数进行无量纲化处理:充灌液体重度 γ 除以水的重度 γ_w;截面几何参数 H_1、H_2、L_1、L_2、B_1、B_2 和 b 均除以顶部土工膜管袋周长 L_1;截面面积均除以 L_1^2;充灌压力均除以 $\gamma_w L_1$;土工膜张力均除以 $\gamma_w L_1^2$。顶部和底部土工膜管袋的周长之比定义为 $\beta = L_1/L_2$。

图 4-25(a)给出了顶部土工膜管袋无量纲高度 H_1/L_1 和与土工膜管袋的无量纲张力 $T/(\gamma_w L^2)$ 之间的关系曲线。由图可以看出,在总高度 H 限定的情况下,顶部土工膜管袋的表面张力 $T_1/(\gamma_w L^2)$ 随着 H_1 的增加而非线性增加,且在 $H_1/L_1 < 0.2$ 时影响较大,在 $H_1/L_1 > 0.28$ 时影响较小。顶部土工膜管袋的张力 $T_1/(\gamma_w L^2)$ 受其高度 H_1/L_1 的影响较大,对于总高度 H 的变化并不敏感。底部土工膜管袋的张力 $T_2/(\gamma_w L^2)$ 随着 H_1 的增加而呈非线性减小,且受其总高度 H 以及顶部和底部土工膜管袋的周长之比 β 的影响较大。根据图 4-25(a)进行双层土工膜管袋的设计时,如果两层土工膜管袋的材料相同,建议选择 $T_1/(\gamma_w L^2)$ 与 $T_2/(\gamma_w L^2)$ 的交点处,此时所需求的材料强度最低。也就是说,在进行双层堆叠均匀土工膜管袋的截面设计时,应综合考虑两个土工膜管袋的受力情况,并选取合适的袋体材料。

图 4-25(b)给出了顶部土工膜管袋无量纲高度 H_1/L_1 与底部土工膜管袋与地面接触的无量纲宽度 b/L_1 之间的关系曲线。由图可以看出,地面接触宽度 b/L_1 随着顶部土工膜管袋高度 H_1/L_1 的增加而非线性增加,且曲线拐点并不明确,约在 $H_1/L_1 = 0.2$ 位置处。这主要是由于顶部土工膜管袋对底部土工膜管袋的压迫使底部土工膜管袋变扁平。此外,双层土工膜管袋的总高度对底部土工膜管袋与地面接触宽度 b/L_1 的影响较大,在 H/L_1 分别为 0.3、0.4、0.5 时,曲线基本平移 0.15。顶部和底部土工膜管袋的周长之比 β 对地面接触宽度 b/L_1 的影响较大。在 $H_1/L_1 = 0.2$ 的情况下,当 β 由 1.0 增加到 1.2(材料面积增加 10%)时,地面接触宽度 b/L_1 增加约 39%,但当 β 由 1.0 增加到 1.5(材料面积增加 25%)时,地面接触宽度 b/L_1 增加约 113%。

图 4-25(c)给出了顶部土工膜管袋无量纲高度 H_1/L_1 与两层土工膜管袋间接触宽度 L_c/L_1 之间的关系曲线。两层土工膜管袋间的无量纲接触宽度 L_c/L_1 随着顶部土工膜管袋高度 H_1/L_1 的增加而减小,但在 $H = 0.5$ 时呈线性关系,在 $H = 0.3$ 或 $H = 0.4$ 时呈非线性关系。在两者接触面水平时,两层土工膜管袋间的接触宽度 L_c/L_1 最小。

图 4-25 所给出的关系曲线,可以用于双层堆叠土工膜管袋截面形状和受力特性的计算。由于该图使用的是无量纲参数,图中的设计曲线可以应用到该设计条件下双层堆叠土工膜管袋截面尺寸和张力的设计计算。例如,双层堆叠土工膜管袋的已知设计参数为

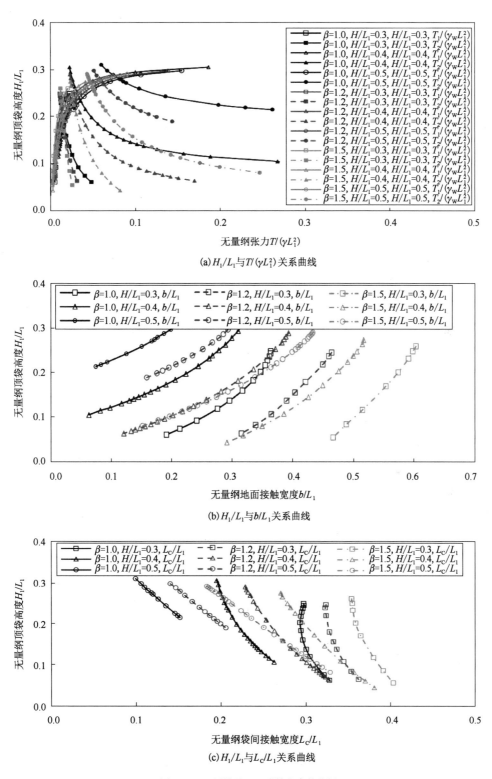

(a) H_1/L_1 与 $T/(\gamma L_1^2)$ 关系曲线

(b) H_1/L_1 与 b/L_1 关系曲线

(c) H_1/L_1 与 L_c/L_1 关系曲线

图 4-25 双层堆叠土工膜管袋参数分析

$L_1 = 5\text{m}, L_2 = 7.5\text{m}, H_1 = 1.0\text{m}, H_2 = 1.5\text{m}$ 和 $\gamma_w = 10\text{kN/m}^3$，那么 $\beta = 1.5, H/L_1 = 0.5$，$H_1/L_1 = 0.2$，则查图 4-25 可知，$T_1 = 4\text{kN}, T_2 = 17.5\text{kN}, b = 1.75\text{m}$ 和 $L_c = 1.225\text{m}$。如果顶部和底部土工膜管袋的周长之比 β 并不是图 4-25 中所给出的数值，例如 $\beta = 1.25$，可以将查阅数值进行线性插值。需要指出的是，图 4-25 所给出的设计曲线并不适用于双层堆叠土工膜管袋中充灌液体密度不同的情况。

4.8 本章小结

本章推导了双层堆叠土工膜管袋置于刚性地基时的理论解，计算中假定土工膜管袋充填材料为均匀液体，忽略了土工膜管袋与充填液体、土工膜管袋之间及与土工膜管袋与地面之间的摩擦力。根据土工膜管袋堆叠时管袋间接触面形状的不同，将堆叠土工膜管袋接触面分为水平型接触、凸起型接触和凹陷型接触三种情况，分别介绍和分析了每种情况的解析解，并将计算结果与 Klusman[83] 解法和试验结果进行了比较，所得到的土工膜管袋截面形状和张力都吻合较好。同时，本章对各关键参数进行了分析，所提出的关系曲线可以用于双层堆叠土工膜管袋截面形状和受力特性的计算。由于该关系曲线图使用的是无量纲参数，因此其可以推广用于常见双层堆叠土工膜管袋的设计计算。

5　土工织物管袋试验分析

5.1　概述

土工织物管袋在充灌后,内部泥浆中的孔隙水会透过土工织物逐渐渗透析出,泥浆慢慢脱水固结,土工织物管袋的高度逐渐变小,宽度逐渐增加。由于土工织物管袋横截面形状的不规则性,其在该过程中的截面变形和受力情况较为复杂。现有的理论计算方法主要是由 Leshchinsky[33] 等提出的一维固结计算理论,以及 Yee 和 Lawson[84] 所提出的体积变化计算方法。但这两种方法并不能准确可靠地对该固结脱水过程进行分析和计算。本章使用室内试验方法对土工织物管袋的固结脱水过程进行了研究,土工织物管袋由强度较高的土工合成材料缝制而成,用高岭土制成的泥浆作为充灌材料,并对充灌完成时及充灌后土工织物管袋脱水固结过程中的横截面变形和受力特性进行了分析。

5.2　土工织物性质

模型试验中所使用的土工织物,是由台湾铎司工程有限公司(Tok Si Engineering Co. Ltd)所提供的黑色较厚的土工织物材料,其基本性质参数见表 5-1,其中,土工织物材料的拉伸率、渗透性及表面开孔尺寸(AOS)分别根据美国材料与试验协会(ASTM)所指定的标准 D4595[85]、D4491-99a[86]、D4751[87] 测得。

土工织物材料的基本性质　　　　表 5-1

材料性质参数	数　值	材料性质参数	数　值
厚度(mm)	2.0	渗透系数($\times 10^{-3}$m/s)	2.0
质量密度(g/m²)	840	最大伸长率(%)	20×27
AOS(O_{95},mm)	0.4		

土工织物管袋所使用的土工织物必须具有足够的抗拉强度,以满足土工织物管袋在加压和堆载期间所承受的拉力,并且土工织物材料的变形特性也会影响土工织物管袋在充灌完成后的截面形状。本章采用 INSTRON 5569 拉力机对土工织物的抗拉强度进行了测试,该设备最大拉伸力为50kN,拉伸速率范围为 5 ~ 500mm/min,拉伸位移和施加荷载可由系统自动记录。试验中严格按照 ASTM D4595[85] 执行,土工织物试样宽度为20cm,长度为40cm,顶部和底部的 10cm 固定于仪器楔形夹具内,试样最终剩余拉伸长度为

20cm,拉伸速度20mm/min(10%/min)。在土工织物经纬两个方向上各取两个试样,试样制备过程中需裁剪试样宽度至21cm,随后通过修剪试样两边逐渐达到20cm宽度,再将试样侧边加热卷边,防止试验过程中土工织物散掉。

图5-1(a)给出了土工织物试样的拉伸试验结果,在初始阶段OA段土工织物试样的拉力随着拉伸量的增加而非线性缓慢增大,此时土工织物试样内部各纤维逐渐调整拉紧并全部受力。AC阶段拉力随拉伸长度的增加而线性增加,此时试样纤维全部承力。在拉伸曲线到达峰值C点后土工织物纤维断裂,试样强度消失。同时,由图5-1(a)可知,土工织物材料在经纬两个方向上的抗拉强度基本相同,平均极限抗拉强度分别为纬向26kN/20cm,经向29kN/20cm。

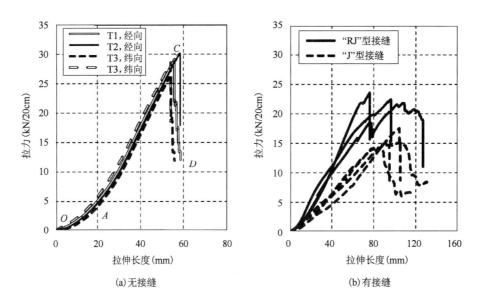

图5-1　土工织物材料无接缝和有接缝试样的拉伸强度试验结果

本章对试样缝合后的强度特性也进行了拉伸试验研究。图5-1(b)给出了"J"型接缝试样的拉伸试验结果。由图可以看出,缝合后的试样平均抗拉强度只有15kN/20cm,强度只有无接缝试样强度的51.7%。为增加接缝强度,本章提出了加强型接缝形式("RJ"型接缝),如图5-2所示。主要方法是在试样接缝周边多缝入一层土工织物,本试验中加强区长度为20cm,见图5-2(a)。两个试样缝合缝大约15cm长,缝合时仍采用"J"型接缝形式,见图5-2(b)。试样缝合后的截面尺寸如图5-2(c)所示。图5-1(b)给出了"RJ"型接缝试样的拉伸试验结果,可以看出使用"RJ"型接缝后试样的平均抗拉强度为22kN/20cm,强度可以达到无接缝试样抗拉强度的75.8%。试验结果表明,试样采用"RJ"型接缝进行缝制,试样加强区增加了试样横截面厚度,减少了缝制针眼对材料的损伤,减少了纤维的应力集中。

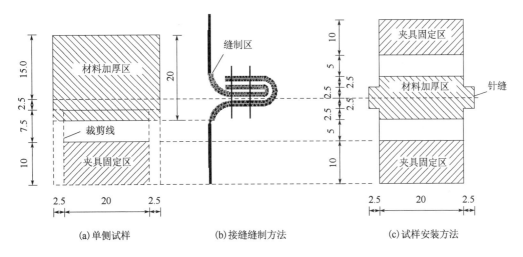

图 5-2 拉伸试验中"RJ"型接缝试样(尺寸单位:cm)

5.3 模型试验

5.3.1 模型试验系统

为防止试验过程中的水流到实验室外侧,试验在两个混凝土梁和木板搭建的临时试验箱中进行。模型试验设备总共由数据采集系统、土工织物管袋和试验池、变形测试系统、充灌系统四部分组成,如图 5-3 所示。试验箱长宽高分别为 4.0m、3.0m、0.4m,试验箱内部和底部由土工膜进行防水。试验所使用的土工织物管袋的尺寸如表 5-2 所示。数据采集系统主要记录应变片和孔压传感器的数据,变形测试系统主要记录土工织物管袋的几何形状变化,充灌系统用于向土工织物管袋内充灌泥浆。试验中所采用的泥浆由高岭土和水搅拌而成,使用高岭土泥浆主要是由于高岭土的颗粒均匀,固结速度快,且重复试验时差别小,极易从市场购买。试验用高岭土由 Malaysia Sdn. Bhd. 公司生产,其相对密度为 2.61,液塑限分别为 61%、38%,塑性指数为 23。

试验过程中,将高岭土与自来水以一定的比例混合并均匀搅拌成泥浆,搅拌时间约 60min,试验中所使用泥浆的含水率从 70% 到 100% 不等,各模型试验所使用泥浆的含水率见表 5-2。搅拌完成后,泥浆由搅拌器转移至充灌桶内,见图 5-4(a) 和图 5-4(b)。该充灌桶高度为 0.5m,直径为 1.0m。充灌桶内泥浆制备完成后,固定充灌桶顶盖和中间活塞,并由活塞上部空间连通压缩气体(气压为 50kPa),在气压作用下充灌桶内活塞会从上往下移动,从而使活塞底部泥浆由充灌桶底部流出,经由连接管灌入土工织物管袋中,见图 5-4(c)。

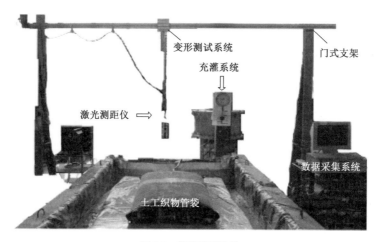

图 5-3　模型试验装置

土工织物管袋参数　　　　　　　　　　　　　　　　表 5-2

试 验 编 号	宽度(m)	长度(m)	泥浆含水率(%)
H1	1.0	2.0	71.6
H2	1.0	2.0	80.6
H3	1.0	2.0	89.2
H4	1.0	2.0	103.6

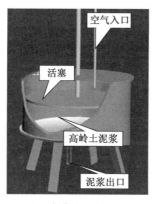
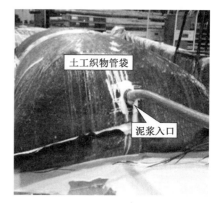

(a)充灌桶照片　　　　　(b)充灌原理示意图　　　　(c)土工织物管袋上的充灌口

图 5-4　土工织物管袋充灌系统

　　土工织物管袋的截面形状变化由激光扫描测试系统测量,该激光仪器固定在一个门型钢架上。钢架由两个直立钢柱固定在混凝土地面上,水平轨道固定在顶部横梁上,扫描仪安装在水平轨道上并能匀速水平运动。激光传感器为型号 ILD1700-750,由计算机控制并记录测量时间和土工织物管袋顶部的竖向变形。水平坐标由扫描仪的移动速度(5cm/s)乘以记录的时间计算,竖向位移由激光传感器的实时读数与底板到激光传感器的初始距离差值计算。该非接触式距离测量系统能有效地减少位移计对测点处变形的影响,从而保证测量结果的准确性。

土工织物管袋的应变采用型号为 WFLA-6-11-3L 的应变片进行测量,测量与矫正方法和第 2.3.2 节所述方法相同。同时,对三个试样进行应变片标定试验,标定试验结果见图 5-5(a)。由图可知,施加荷载与应变片读数呈二次函数关系,所拟合关系函数见图 5-5(a),确定系数 R^2 值为 0.9872。由于模型试验过程中的应变片读数并未超过 3500×10^{-6},该值也是图 5-5 中显示的最大应变读数,模型试验的拉力都采用了该公式进行计算。应变片的弯曲效应修正也采用了第 2.3.2 节所使用的方法。应变计读数与弯曲半径(或圆柱的半径)的关系曲线同样呈指数关系,见图 5-5(b)。应当指出的是,由于土工织物管袋上应变计的半径在排水固结阶段会发生变化,上述关系可能无法完全修正模型试验中所有原始应变计读数的弯曲效应。因此,本章所测得的拉力值不可能和真实值完全一致,但本节测量数据仍可以用于研究土工织物管袋固结过程中的张力变化趋势。

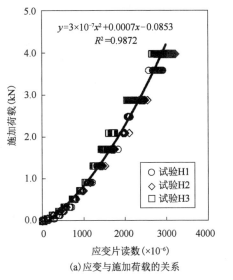

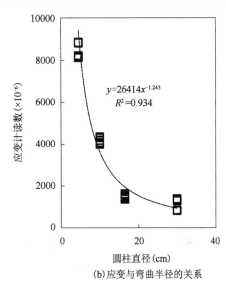

(a)应变与施加荷载的关系   (b)应变与弯曲半径的关系

图 5-5　土工织物试样上的应变计标定结果

土工织物管袋内部的孔隙水压力采用微型孔压传感器(PPTs,型号为 Druck ® PDCR81)进行测量,如图 5-6 所示。孔压传感器测头外径为 6.4mm,高度为 11.4mm,量程为 $-100 \sim 300$kPa,数据线长度为 5m,直径为 2.3mm。试验前,所有水压传感器都在三轴压力室内进行了校准,其读数都随施加压力的增加而线性增加。孔压传感器一个粘贴在如图 5-6(a)所示的土工织物管袋内部顶面,另一个粘贴在土工织物管袋内部底面处。

5.3.2　试验结果

模型试验 H1 的试验结果如图 5-7 所示。由于充灌桶容量不够大,充灌过程分为两个阶段进行。第一阶段土工织物管袋充灌至袋高 0.23m(OA 段),第二阶段充灌至 0.47m(AB 段)。充灌完成后进入了脱水阶段(BC 段),土工织物管袋脱水开始时高度减小较快,随后速度变缓,大约 9h 后趋于稳定值。土工织物管袋张力随时间变化曲线如图 5-7(b)所示。在充灌阶段,张力随土工织物管袋高度的增加而迅速增长。在脱水阶段,张力变化趋势与袋高类似,逐渐减小达到稳定值。由于土工织物管袋内部土体侧压力的作用,管袋侧边(B2 到 B6 点的位置)的张力降幅变缓,而底面(B7 和 B8 点的位置)张力则几乎保持为零。土工织物管袋顶部和底部内表面处孔隙水压力随时间变化的曲线如图 5-7(c)所示。土工织物管袋充灌完成后,管袋顶部和底部孔隙水压力均达到峰值,分别为 3.3kPa 和10.1kPa。在脱水阶段,管袋顶部内表面的孔隙水压力随时间快速下降,而底部的孔隙水压力在保持了一段时间后才开始降低。脱水固结完成后,顶部和底部的孔隙水压力差值仍为 4.01kPa,压力差即为管袋内部的静水压力。

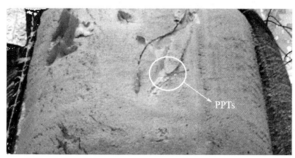
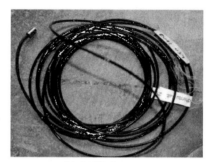

(a)顶部孔压传感器 　　　　　　　　　　(b)孔压传感器PDCR81

图 5-6　微型孔压传感器安装位置和照片

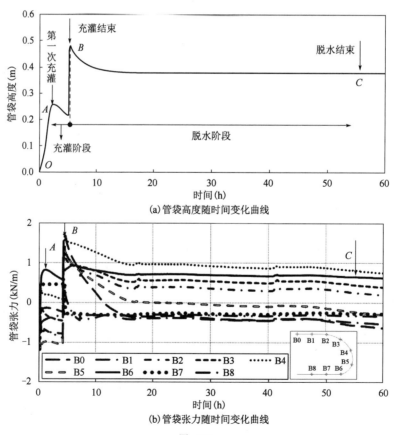

(a)管袋高度随时间变化曲线

(b)管袋张力随时间变化曲线

图　5-7

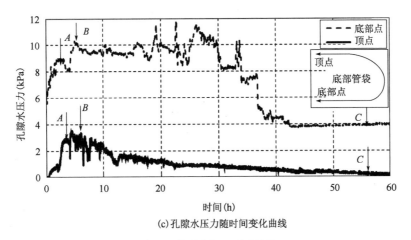

(c)孔隙水压力随时间变化曲线

图5-7　模型试验 H1 试验结果

模型试验 H2 的试验结果如图5-8 所示。管袋的充灌过程也分为两个阶段,第一阶段充灌至袋高0.2m,第二阶段充灌至袋高0.37m。模型试验 H2 的试验现象与模型试验 H1几乎相同,而模型试验 H2 的底部内表面的孔隙水压力下降更快,如图5-8(c)所示。土工织物管袋充灌完成后,顶部和底部的孔隙水压力便分别达到了峰值2kPa 和 8.6kPa。固结脱水后,顶部和底部的孔隙水压力差值为3.5kPa。

模型试验 H3 的试验结果见图5-9。管袋的充灌过程同样分为两个阶段,第一阶段充灌至袋高0.2m,第二阶段充灌至袋高0.46m。顶部和底部内表面的孔隙水压力峰值分别为 4.9kPa 和 9kPa。

模型试验 H4 的试验结果如图 5-10 所示。管袋的充灌过程分为三个阶段,总高度充灌高度为 0.45m,7h 完成充灌,顶部和底部的孔隙水压力峰值分别达到 2kPa和 12kPa。

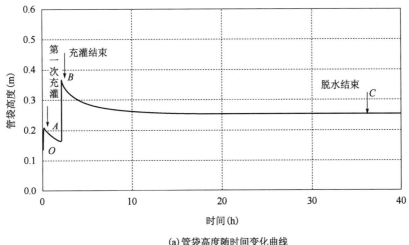

(a)管袋高度随时间变化曲线

图　5-8

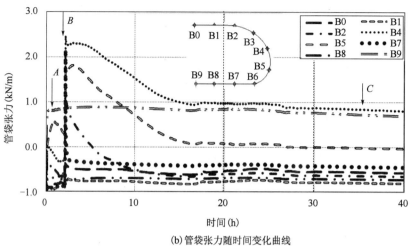

(b)管袋张力随时间变化曲线

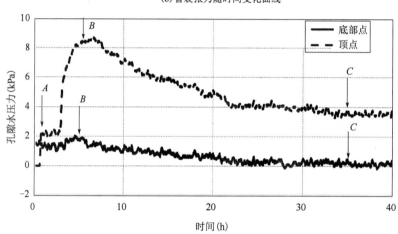

(c)孔隙水压力随时间变化曲线

图5-8 模型试验H2试验结果

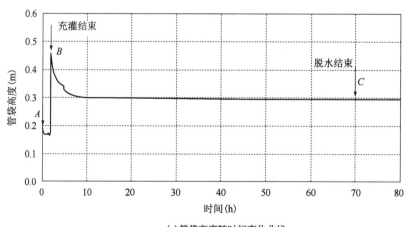

(a)管袋高度随时间变化曲线

图 5-9

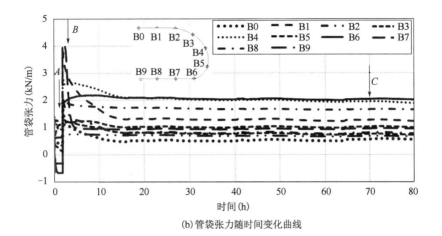

(b)管袋张力随时间变化曲线

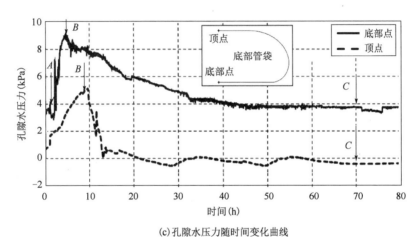

(c)孔隙水压力随时间变化曲线

图 5-9 模型试验 H3 试验结果

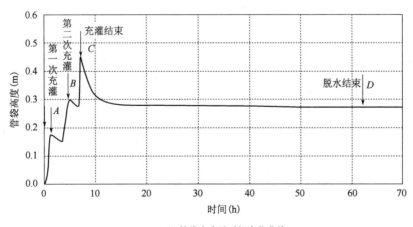

(a)管袋高度随时间变化曲线

图 5-10

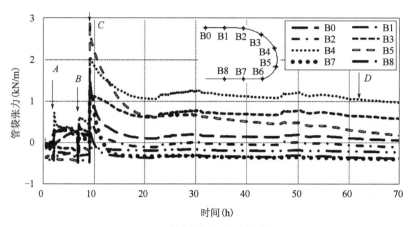

(b) 管袋张力随时间变化曲线

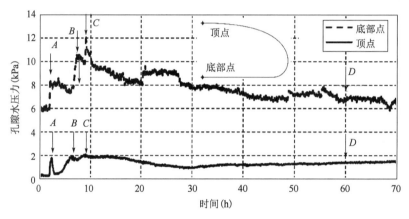

(c) 孔隙水压力随时间变化曲线

图 5-10　模型试验 H4 试验结果

(a) 第一次充灌阶段

(b) 充灌结束

图 5-11　模型试验 H3 的充灌阶段照片

(a)渗透排水阶段   (b)固结排水阶段

图 5-12 模型试验 H3 的脱水阶段照片

5.3.3 渗透特性

土工织物管袋模型试验中的充灌阶段,高含水率泥浆被充灌入土工织物管袋,管袋高度随之迅速增加,同时部分泥浆会渗出管袋,见图 5-11。充灌阶段结束时,管袋横截面和土工织物管袋上的拉力均达到峰值。在该阶段中,水和一些细颗粒渗出管袋,见图 5-12(a)。细颗粒渗出量与土工材料的 AOS、充灌土的粒径和充灌时间有关。在排水渗透阶段,自由水透过可渗透水的土工织物材料而消散。开始时渗透较快,土工织物管袋的高度迅速降低。模型试验中,该阶段持续 1 ~ 2h,耗时主要取决于充灌泥浆含水率的大小、土工材料的 AOS 和高岭土的粒径。经过一段时间的渗透排水后,只有清水渗出土工织物管袋表面,如图 5-12(b)所示。当充灌压力变为零时,泥浆自重固结成为该过程的主要特点,主要包含由土体自重产生的孔隙水压力消散和由土工织物管袋产生的围压作用。自重固结后,整个排水过程便停止。试验中,该排水持续时间大约在充灌完成后的 9h 内。

土工织物管袋的排水是一个复杂的过程,并不容易描述清楚。根据所排出的是泥浆还是清水判断,它应该至少包含过滤阶段和固结阶段二者之一。过滤阶段的特点是水和一些细颗粒通过管袋快速耗散。在这个阶段,泥浆在"土-土工材料"系统中的流速是土阻力、土工材料厚度和水力梯度三者的函数[88]。在渗流一段时间以后,细小土颗粒会随着水流运动而聚集在土工织物内表面,细小颗粒聚集越多则形成一层渗透性很小的过滤层,如图 5-13 所示。然而,对于非黏性砂土而言,由于较粗的颗粒将首先被土工材料阻隔,而后较细的颗粒将被粗颗粒阻隔,最终该间隔层将越来越厚。该种现象通常被称为滤饼效应。应当指出的是,过滤阶段和固结阶段并没有明确的分界点,特别是固结阶段贯穿于整个排水过程,但其效果在过滤阶段可以忽略不计。

5.3.4 截面设计计算

在充灌完成瞬间,土工织物管袋所受张力最大,为极限受力状态。土工织物管袋在充灌阶段高度迅速增加,虽然有一些水和细颗粒渗出管袋,但因为耗散时间较短,渗出水和细颗粒对土工织物管袋内部泥浆密度影响较小。如果忽略充灌过程中泥浆重度的变化，充灌结束瞬间的管袋截面和拉力，见图 5-7(a)中的 B 点，可以通过第 2.3 节所提出的理论计算方法进行设计。

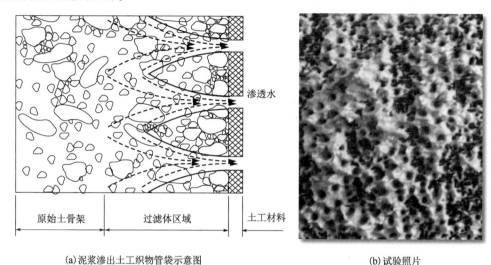

| (a)泥浆渗出土工织物管袋示意图 | (b)试验照片 |

图 5-13 泥浆渗透排水过程中的滤饼效应示意图

模型试验 H1 在充灌完成瞬间的试验和理论计算结果如图 5-14(a)所示。计算采用第 2.3 节所提出的理论计算方法。由于泥浆的含水率为 71.6%，高岭土的相对密度为 2.61，泥浆重度可由式(5-1)计算。模型试验 H1 的管袋周长为 2m，充灌压力 p_0 为 3.3kPa (图 5-7)。由图 5-14(a)可以看出，除所观测到的横截面宽度比解析分析结果略大之外，两者能够很好地吻合起来。充灌结束时，模型试验 H2、H3 和 H4 的试验结果与解析解之间的对比结果分别见图 5-14(b)、图 5-14(c)和图 5-14(d)。理论计算采用的参数与模型试验 H1 类似，详细结果见表 5-3。总体上看，模型试验结果和理论结果间的吻合程度在可接受范围内。

$$\gamma_{sat} = \frac{1 + w}{1 + wG_s}G_s\gamma_w \tag{5-1}$$

式中，γ_{sat} 为泥浆重度；w 为泥浆含水率；G_s 为高岭土相对密度；γ_w 为水的重度。

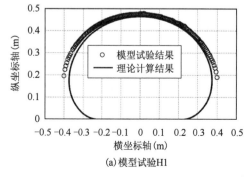

(a)模型试验H1

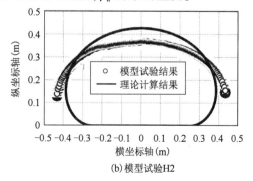

(b)模型试验H2

图 5-14

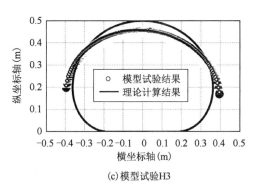
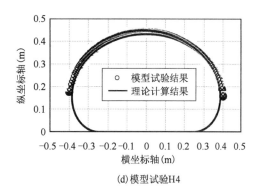

(c)模型试验H3　　　　　　　　　　　　　(d)模型试验H4

图 5-14　充灌结束时模型试验结果与理论计算结果的对比

理论计算参数取值　　　　　　　　　　　　　　　表 5-3

试 验 编 号	含水率 （%）	重度 （kN/m³）	充灌压力 （kPa）	高度(m)	
				试验	理论
H1	71.6	15.6	3.3	0.483	0.463
H2	80.6	15.2	2.0	0.368	0.427
H3	89.2	14.8	5.0	0.458	0.498
H4	103.6	14.3	2.0	0.450	0.431

5.3.5　沉降变形分析

在排水阶段,土工织物管袋的变形是土颗粒自重引起的孔隙水压力消散和土工织物管袋施加围压相互作用的结果。由于所用土工材料的渗透性及充灌泥浆自身的影响,整个排水过程是与时间相关的。如前文所述,整个排水过程可分为两个阶段,即过滤阶段和固结阶段。如果建立起这两个阶段中时间与变形之间的关系,则土工织物管袋的变形便可以通过计算得出。

Leshchinsky 等[33]提出一种一维方法来计算土工织物管袋在渗透排水过程中的沉降变形。该方法假定土工织物管袋的宽度在渗透排水过程中保持不变,管袋的总体积变形是其在竖向上的变形。因此,管袋横截面高度的变化率 ΔH 等于其体积变化率,并且可以根据含水率变化率求得:

$$\Delta H = \frac{G_{s}(w_{0} - w_{f})}{1 + w_{0}G_{s}}H_{0} \tag{5-2}$$

式中,G_{s} 为土的相对密度;w_{0} 为充灌泥浆的初始含水率;w_{f} 为固结后土体的含水率;H_{0} 为充灌结束瞬时土工织物管袋的高度。

上述方法中的一维假定可以通过模型试验结果进行验证。本节对模型试验 H_{1}、H_{2} 和 H_{3} 中管袋宽度随时间的变化曲线进行了无量纲化处理,将土工织物管袋的宽度除以充灌结束瞬时的管袋宽度,时间则从充灌结束时开始计算。无量纲化处理后的宽度与时间的关系曲线如图 5-15 所示。由图可以看出,在充灌结束后的渗透排水阶段,管袋宽度只增加了 6% ~8%,而且其变化只持续了很短的时间,该时间段与渗透排水阶段的持续时间吻合,之后管袋宽度则保持不变。然而,工程上 6% ~8% 的宽度变化通常是可以忽略的,因此排水阶段中的一维变形假设是合理的。

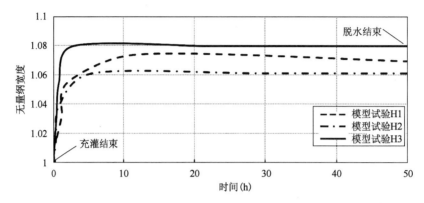

图 5-15 土工织物管袋无量纲宽度与时间的关系曲线

一维计算方法的缺点是需要知道土体固结后的最终含水率,然而实际工程中,土体固结后的最终含水率是需要在工程结束后进行测量的,在工程初始设计中并不好确定。本书使用 Handy[89] 所提出一阶速率方程(FORE 方法)进行曲线拟合,来建立土工织物管袋和固结排水时间的关系曲线,可以用该系列公式用于类似的土工织物管袋设计计算。FORE 方法可以对许多岩土工程曲线进行曲线拟合,根据该方法,管袋高度 h 和时间 t 之间的关系可以被定义为:

$$\ln(-h + H_\infty) = -at - b \tag{5-3}$$

$$h = -10\exp(-at - b) + H_\infty \tag{5-4}$$

式中,h 为土工织物管袋的高度;t 为排水时间;H_∞ 为当 $t = \infty$ 时 h 的值;a 和 b 为常量。

使用 FORE 方法拟合模型试验结果时,时间从充灌结束开始,其中的未知参数为 H_∞、a 和 b。拟合时,土工织物管袋的脱水也可分为渗透阶段和固结阶段,本书定义土工织物管袋渗透脱水的最终高度为 H_F。以曲线拟合模型试验 H3 为例,选择曲线拟合的试验数据为图 5-9 中 B 点以后 0.8h 内的数据。图 5-16 给出了使用 FORE 方法对渗透阶段中模型试验 H3 的位移进行线性拟合的结果。可以看出,该曲线拟合 $R^2 = 0.991$,$H_F = 0.357\text{m}$,$a = -0.665$,$b = -1.04$。

对模型试验 H3 中固结阶段的曲线拟合同样可以使用 FORE 方法,本书选择图 5-9 中 B 点以后 1.9 ~21.4h 间的试验数据进行拟合,模型试验 H3 的最终固结高度定义为 H_C。图 5-17 给出了曲线拟合结果,其中 $R^2 = 0.964$,$H_C = 0.2978\text{m}$,$a = -0.165$,$b = -1.036$。该方法所得 H_C 的值与试验值 0.295m 吻合较好。

图 5-18 给出了两条曲线和所得试验结果的对比。由图可以看出,除了两个方程之间部分数据有重叠外,FORE 方法可以很好地拟合试验数据。这也是合理的,因为固结阶段

并不是在渗透结束后才开始的,而是贯穿在整个脱水过程。为简化描述该过程,本书将土工织物管袋脱水过程以 H_F 为分界点分为两部分,以土工织物管袋高度在 $H_0 \sim H_F$ 之间时为渗透脱水阶段,以土工织物管袋高度在 $H_F \sim H_C$ 之间时为固结脱水阶段。

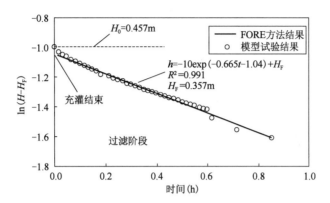

图 5-16　使用 FORE 方法对模型试验 H3 渗透脱水阶段的位移时间曲线拟合结果

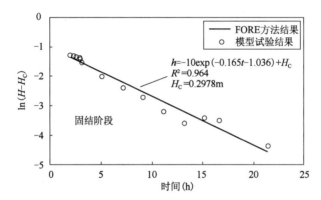

图 5-17　使用 FORE 方法对模型试验 H3 固结脱水阶段的位移时间曲线拟合结果

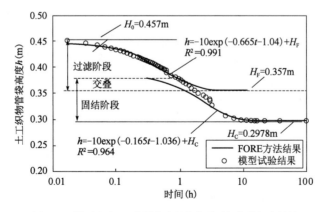

图 5-18　模型试验 H3 的脱水阶段的位移时间曲线拟合结果

为了比较所有土工织物管袋的时间高度变化曲线,本书通过以下公式对土工织物管袋高度变化率进行计算:

$$R_{Nd} = \left(1 - \frac{h}{H_0}\right)/e_0 \tag{5-5}$$

$$e_0 = w_0 G_s \tag{5-6}$$

式中,R_{Nd}为无量纲高度变化率;h为在时间t时的管袋高度;H_0为在充灌结束时的管袋高度;e_0和w_0分别为充灌泥浆的空隙率和含水率。

试验测得土工织物管袋的无量纲高度随脱水时间的变化曲线见图5-19,时间取自充灌结束后开始。由图可以看出,所有位移曲线位于一个窄带内。本书同样使用 FORE 方法对该曲线进行拟合。与模型试验 H3 的拟合过程相类似,拟合平均数值的结果见图5-19。当无量纲高度变化率小于0.0835时,土工织物管袋处于渗透脱水阶段;当无量纲高度变化率在0.0835~0.1385之间时,土工织物管袋处于固结脱水阶段。在渗透脱水阶段,$R^2 = 0.998$,$a = -0.5184$,$b = -1.099$。在固结脱水阶段,$R^2 = 0.995$,$a = -0.1495$,$b = -1.03$。同样,无量纲高度随脱水时间的变化曲线最大和最小边界的曲线拟合分别见图5-20和图5-21。

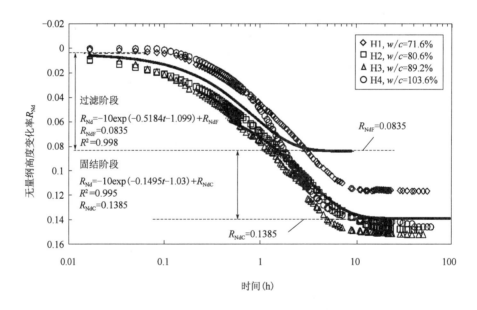

图5-19　使用 FORE 方法对无量纲位移时间曲线平均值拟合结果

使用 FORE 方法所得曲线拟合结果见式(5-7)和式(5-8)。在过滤脱水阶段,拟合方程中参数a、b的差异范围大约为平均值的$\pm40\%$。在固结脱水阶段,拟合方程中参数a、b的差异范围大约为平均值的$\pm17\%$。应当说明的是,该系列方程只能用于计算高岭土泥浆充灌的土工织物管袋的高度变化,因为该方程式是由该系列试验拟合求得,而对于其他类型的充灌泥浆或土工合成材料,由于渗透特性不一致,该系列方程可能并不适用。

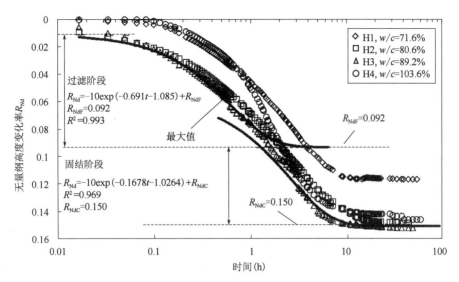

图 5-20 使用 FORE 方法对无量纲位移时间曲线最大值拟合结果

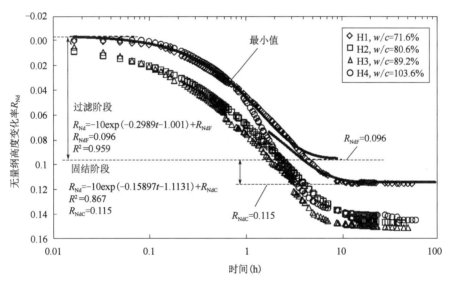

图 5-21 使用 FORE 方法对无量纲位移时间曲线最小值拟合结果

渗透脱水阶段：

$$
\begin{cases}
\text{最大值 } R_{\mathrm{Nd}} = 0.092 - 10^{(-0.691t-1.085)} & (0.092 > R_{\mathrm{Nd}} > 0.0) \\
\text{平均值 } R_{\mathrm{Nd}} = 0.0835 - 10^{(-0.5184t-1.099)} & (0.0835 > R_{\mathrm{Nd}} > 0.0) \\
\text{最小值 } R_{\mathrm{Nd}} = 0.096 - 10^{(-0.2989t-1.001)} & (0.096 > R_{\mathrm{Nd}} > 0.0)
\end{cases} \quad (5\text{-}7)
$$

固结脱水阶段：

$$
\begin{cases}
\text{最大值 } R_{\mathrm{Nd}} = 0.15 - 10^{(-0.1678t-1.0264)} & (0.15 > R_{\mathrm{Nd}} > 0.092) \\
\text{平均值 } R_{\mathrm{Nd}} = 0.1385 - 10^{(-0.1495t-1.03)} & (0.1385 > R_{\mathrm{Nd}} > 0.0835) \\
\text{最小值 } R_{\mathrm{Nd}} = 0.115 - 10^{(-0.15897t-1.1131)} & (0.115 > R_{\mathrm{Nd}} > 0.096)
\end{cases} \quad (5\text{-}8)
$$

5.4　本章小结

由于土工织物管袋截面形状的不规则性,在脱水过程中的变形和受力情况较为复杂,目前并没有一种准确可靠的方法对该过程进行分析和求解。本章通过室内模型试验对土工织物管袋在充灌泥浆后的高度和张力变化进行了研究和分析。在测量具有接缝的土工合成片材的拉伸强度时,提出了一种新的加强接缝方法,以改善两种所选土工合成材料的接缝效率。使用"J"型接缝的接缝效率仅为51.7%。当使用所提出的"RJ"型加强接缝方法时,接缝效率可以增加到75.8%。土工织物管袋充灌试验中,采用了强度较高的土工合成材料制作土工织物管袋,将由高岭土制成的泥浆作为充灌材料。试验发现,土工织物管袋的脱水过程包括渗透脱水阶段和固结脱水阶段。本章通过试验验证了一维固结的简化计算方法的适用范围,并提出了使用一阶速率方程(FORE 方法)对土工织物管袋高度随时间变化曲线进行拟合,所得系列方程可以用于计算高岭土泥浆充灌的土工织物管袋高度随脱水时间的变化。但对于其他类型的充灌泥浆或土工合成材料,需要新的拟合参数进行计算。

6 多次充灌土工织物管袋设计计算

6.1 概述

近年来,土工织物管袋在世界各国被广泛应用于海岸防护、堤坝施工、洪水控制以及污泥处理等多种工程。土工织物管袋首先使用黏土或砂土泥浆进行充灌,见图 6-1(a),在充灌压力作用下,土工织物管袋被迅速充高,截面面积增大,体积升高。在充灌完成后,土工织物主要作为渗透媒介使内部泥浆脱水,土体颗粒被保留在土工织物管袋内部。脱水后的土工织物管袋体积缩小,高度下降,截面面积也会变小,见图 6-1(b)。为满足工程需要并节省土工织物材料用量,土工织物管袋通常需要进行多次充灌。在进行第二次充灌时,土工织物管袋内部除了有新充灌入的泥浆外,还有第一次充灌后脱水剩余的土体,见图 6-1(c),袋内充灌材料为固态、液态两相材料。由于现行的土工织物和土工膜管袋计算方法都是假定充灌材料为均匀液体,很显然这些计算方法不能直接用于该情况的设计计算。Plaut 和 Stephens[90] 曾提出一种简化计算方法,将第一次充灌脱水后的土体和第二次新充灌进来的液体假定为密度不同的两种液体。但显然该方法并不能很好地模拟土工织物管袋内部固相土体的特性。

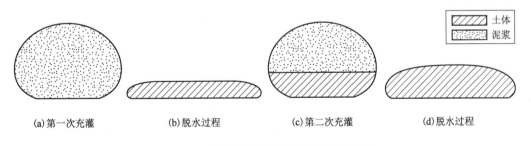

图例
▨ 土体
⣿ 泥浆

(a)第一次充灌　　　(b)脱水过程　　　(c)第二次充灌　　　(d)脱水过程

图 6-1　土工织物管袋进行多次充灌时的截面变化

针对多次充灌土工织物管袋的变形和受力特性,本章提出了一种新的计算理论。将固相土体对土工织物管袋的作用力分解为土体颗粒的有效应力和静水压力,又将土体有效应力分解为竖向和侧向土压力,土体有效应力对土工织物管袋的作用取决于土体单元和土工织物管袋的相对位置。本方法考虑了土工织物材料与内部土体的摩擦力以及土工织物管袋与地面的摩擦力。最后使用 Runge-Kutta-Merson 方法对微分方程组进行求解。

6.2　理论推导

针对多次充灌土工织物管袋的变形和受力特性的计算理论,在推导过程中所使用的基本假定有:

(1)土工织物管袋足够长,可视为平面应变问题;

(2)土工织物足够薄,其质量及抗弯刚度可忽略;

(3)土工织物管袋的张力沿截面周长方向完全相同;

(4)土工织物管袋与充灌液体以及其与刚性基础间的摩擦力为静摩擦力;

(5)管袋内固结后的土体表面水平,且土体含水率在充灌泥浆时保持不变。

多次充灌后的土工织物管袋计算简图见图6-2,竖直向坐标轴为 y 轴,水平向坐标轴为 x 轴,土工织物管袋与地面接触面的中点为坐标原点。充灌液体重度用 γ_L 表示,水的重度用 γ_w 表示,固结后土体的饱和重度、有效重度和高度分别用 γ_s、γ_s' 和 H_s 表示,则 $\gamma_s' = \gamma_s - \gamma_w$。土工织物管袋的宽度、高度以及其与地基土的接触宽度分别定义为 B、H 和 b。

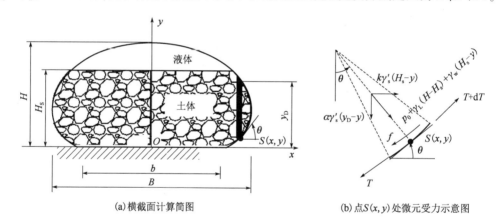

(a)横截面计算简图　　　　　(b)点 $S(x,y)$ 处微元受力示意图

图6-2　任意点 $S(x,y)$ 在土表下方时的计算简图

土工织物管袋截面上任意一点 $S(x,y)$ 处长度为 ds 的微元受力示意图见图6-2(b),可以假定为无穷小的圆弧。圆弧的圆心为 C 点,半径为 r。定义点 $S(x,y)$ 处曲线的切线与 x 轴的夹角为 θ,则该点处的两个几何方程为:

$$\frac{dy}{ds} = \sin\theta \tag{6-1}$$

$$\frac{dx}{ds} = \cos\theta \tag{6-2}$$

图6-2中,截面与地面的接触面在 $x < b/2$ 时为直线,曲线计算时 x 的取值为 $x > b/2$。任意一点 $S(x,y)$ 处土工织物管袋与土体间的作用力主要分为两种情况。第一种情况是点 $S(x,y)$ 处切线与 x 轴的夹角 $\theta < \pi/2$,见图6-2(a),土体的有效重度可以直接作用于土工织物管袋。如果假定土体分为无穷多竖向的细条,定义作用在土工织物点 $S(x,y)$ 处微

元的土条上各点的横纵坐标分别为 x_{slice} 和 y_{slice}，则单元土条的坐标范围为 $y < y_{\text{slice}} < y_D$，$x - \text{d}x/2 < x_{\text{slice}} < x + \text{d}x/2$，其中 y_D 为单元土条高度，其数值为土体高度 H_s 和单元土条所对应的土工织物横截面点 $S(x,y)$ 处 y 坐标的最小值。第二种情况是点 $S(x,y)$ 处切线与 x 轴的夹角 $\theta > \pi/2$，此时土体单元土条的有效重度并不能作用于土工织物管袋。结合这两种情况，单元土条有效重度对土工织物管袋的作用力可以表达为 $\alpha\gamma_s'(y_D - y)\cos\theta\text{d}s$，其中当 $\theta < \pi/2$ 时，$\alpha = 1$；当 $\theta > \pi/2$ 时，$\alpha = 0$。单元土条有效重度对土工织物管袋的作用力在竖直和水平方向上的分量分别为 $\alpha\gamma_s'(y_D - y)\cos^2\theta\text{d}s$ 和 $\alpha\gamma_s'(y_D - y)\cos\theta\sin\theta\text{d}s$。

作用在土工织物管袋任意一点 $S(x,y)$ 处的土体侧向土压力为 $k\gamma_s'(H_s - y)\sin\theta\text{d}s$，其中 k 为土体侧向土压力系数。侧向土压力作用在土工织物管袋的水平和竖直方向的力的分量，分别为 $k\gamma_s'(H_s - y)\sin^2\theta\text{d}s$ 和 $k\gamma_s'(H_s - y)\sin\theta\cos\theta\text{d}s$。土体和土工织物材料间的摩擦力可以由点 $S(x,y)$ 处的法向应力 N 乘以摩擦系数 μ 求得，且 $f = \mu N$，其中 $N = [k\gamma_s'(H_s - y)\sin\theta + \alpha\gamma_s'(y_D - y)\cos\theta]\text{d}s$。由于土工织物管袋在充灌时，体积发生膨胀，袋体有向外拉伸的趋势，则静摩擦力的方向为沿着土工织物管袋截面向下，见图6-2(b)。

作用在点 $S(x,y)$ 处微元上的静水压力为 $[p_0 + \gamma_L(H - H_s) + \gamma_w(H_s - y)]\text{d}s$，其中 p_0 为充灌过程中顶部液体的充灌压力。如果土工织物管袋的表面张力定义为 T，则在点 $S(x,y)$ 处的微元上的张力增量为 $\text{d}T$。根据图6-2(b)所示的微元计算简图，由法向和切向上的受力平衡可以求得：

$$\frac{\text{d}T}{\text{d}s} = [a(y_D - y) - k(H_s - y)]\gamma_s'\sin\theta\cos\theta + \mu N \tag{6-3}$$

$$\frac{\text{d}\theta}{\text{d}s} = \frac{1}{T}[N + p_0 + \gamma_L(H - H_s) + \gamma_w(H_s - y)] \tag{6-4}$$

$$N = \gamma_s'[k(H_s - y)\sin^2\theta + a(y_D - y)\cos^2\theta]\text{d}s \tag{6-5}$$

如果点 $S(x,y)$ 的位置在土表面以上，见图6-3(a)，则求解微分方程与第2章中土工膜管袋的计算方法相同。计算微元见图6-3(b)，作用在微元上的静水压力为 $p_0 + \gamma_L(H - y)$。由于液体和土工织物之间的摩擦力可以忽略，土工织物的张力 T 为恒定值，则：

$$\frac{\text{d}T}{\text{d}s} = 0 \tag{6-6}$$

根据图6-3(b)所示微元的计算简图，由法向和切向上的受力平衡可以求得：

$$\frac{\text{d}\theta}{\text{d}s} = \frac{1}{T}[p_0 + \gamma_L(H - y)] \tag{6-7}$$

为求解式(6-1)~式(6-7)这一微分方程组，还需建立关于张力 T 的边界条件。本书取土工织物管袋横截面为研究对象，见图6-4，其中 T_{top} 和 T_{bottom} 分别为顶点 M 和底点 N 处的张力。由于土工织物管袋的横截面是连续对称的，顶点 M 和底点 N 处的张力沿曲线切线方向保持水平。底点 N 处的张力 T_{bottom} 可以由点 $(b/2,0)$ 处的张力减掉地表摩擦力求得，张力折减量为 $\text{d}T/\text{d}x = -\mu_1\gamma_s'y_D - \mu_2 W/b$，其中 W 为袋体充灌材料的重量。因此，

$T_{\text{Bottom}} = T_{(b/2,0)} + \int_{b/2}^{x} (\mu_1 \gamma'_s y_D + \mu_2 W/b) \, dx$,其中 $x_b < x < b/2$,x_b 为土工织物管袋与地面接触面上张力为零时所对应点的横坐标,如果 $T_{\text{Bottom}} > 0$,则 $x_b = 0$。

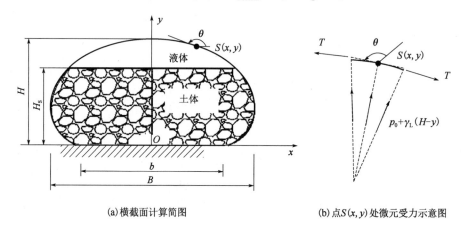

(a) 横截面计算简图　　　　　　　　(b) 点 $S(x,y)$ 处微元受力示意图

图 6-3　任意点 $S(x,y)$ 在土表上方时的计算简图

作用在土工织物管袋横截面上水平方向的力,见图 6-4,包括静水压力,土工织物与地面之间的摩擦力 $\left[\int_{b/2}^{x_b} (\mu_2 W/b) \, dx \right]$,以及顶点 M 和底点 N 处的表面张力。根据水平方向上的受力分析可求得:

$$T_{\text{Top}} + T_{\text{Bottom}} = p_0 H + \frac{1}{2} \gamma_L (H^2 - H_s^2) + \frac{1}{2} (\gamma_w + k\gamma'_s) H_s^2 + \mu_2 \frac{W}{b} \left(x_b - \frac{b}{2} \right) \quad (6\text{-}8)$$

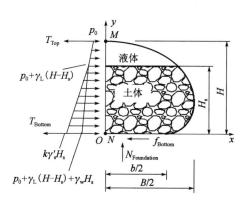

图 6-4　多次充灌土工织物管袋横截面受力计算示意图

多次充灌时,土工织物管袋横截面和表面张力可以通过式(6-1)~式(6-8)这一方程组求得。由于该方程组无解析解,须用数值方法进行求解。计算过程中,以固结后土体的高度 H_s 和有效重度 γ'_s,充灌液体重度 γ_L,水的重度 γ_w,土体的侧向土压力系数 k,以及 p_0、L、H 三者中的任意两项作为已知量,并结合以下两个初始边界条件来求解该方程:①当 $y = 0$、$x = b/2$ 时,$\theta = 0$;②当 $y = H$、$x = 0$ 时,$\theta = \pi$。

本书同样使用 RKM4 方法对方程组进行求解。关于 RKM4 方法求解的源程序,读者可以参阅文献[91]和文献[57]。对未知数的搜索方法,本书采用 Complex Method (CM)[58]、CM 方法求解的源程序,读者可以参阅文献[59]和文献[57]。

6.3　参数分析

为研究主要参数对多次充灌土工织物管袋充灌后横截面和张力的影响,本节对主要参数进行了分析。分析中,以土工织物管袋截面周长 L,充灌压力 p_0,固结后土体的高度 H_s 和有效重度 γ_s',充灌液体重度 γ_L,水的重度 γ_w,土工织物与土体的摩擦系数 μ,以及土体的侧向土压力系数 k 为已知参数。为使计算结果具有普遍性,计算过程中各参数均采用无量纲参数,其中 γ_L 和 γ_s 除以水的重度 γ_w,几何参数 H_s、H、B 和 b 除以土工织物管袋截面周长 L,截面面积 A 除以 L^2,充灌压力 p_0 除以 $\gamma_w L$,土工织物管袋张力 T 除以 $\gamma_w L^2$。计算中,土体含水率 w 为 40%,相对密度 G_s 为 2.61,土体无量纲密度 $\gamma_s/\gamma_w = 1.78$,充灌液体无量纲密度 $\gamma_L/\gamma_w = 1.2$。

图 6-5 给出了第一次和多次充灌时土工织物管袋截面形状的分布情况。总共有 6 种计算情形,用于说明脱水土体高度、侧向土压力系数和摩擦系数对计算结果的影响。但需要指出的是,在实际情况下土体的侧向土压力系数在充灌和脱水过程中并不是恒定不变的,会根据土体和土工织物管袋间的相互作用由主动土压力向被动土压力转化。通过图 6-5 可以看出,土工织物管袋在多次充灌后在相同的充灌压力作用下,其高度比纯液体充灌要矮,两者之间的差距最大可达 18.4%,见图 6-5(b)所示的 $p_0/(\gamma_w L)=0.3$、$H_s/L=0.2$、$k=3.0$ 和 $\mu=0.5$ 的情况。这主要是由于脱水后土体对土工织物管袋的作用力要比纯液体大得多。因此,使用纯液体的土工织物管袋计算方法来计算多次充灌后的土工织物管袋时,会高估土工织物管袋的高度和截面面积。

图 6-5 同时给出了第一次和多次充灌时土工织物管袋表面张力的分布情况。由图可以看出,多次充灌后土工织物表面张力分布并不均匀,在液体的作用范围内张力值最大且恒定,见图 6-5 中的 CD 段。由于固结土体的作用,在土体作用范围内,CB 段的张力由上而下逐渐减小。但由于土体侧向土压力的作用,该趋势也并非恒定不变。当侧向土压力系数很大($k=3.0$)时,也会使张力先减小后增大,见图 6-5(b)。张力最小值在土工织物管袋与地面接触面的中点处,见图 6-5 中的 A 点。由于土工织物管袋与地面接触面之间的摩擦力作用,土工织物管袋张力由 A 点到 B 点线性增加。根据第 5.2 节所讨论的,土工织物在缝制过程中,接缝处的强度一般只有无接缝土工织物材料的一半。由于 A 点处的表面张力最小,在土工织物管袋放置过程中,建议将接缝放在此处。

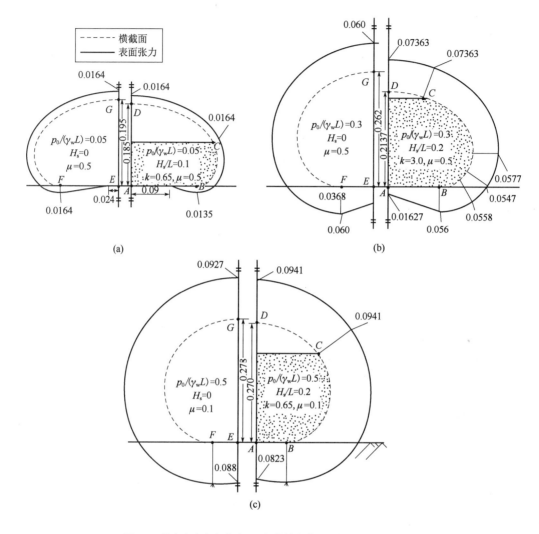

图 6-5　单次和多次充灌时土工织物管袋截面形状和张力分布对比

多次充灌土工织物管袋的无量纲截面高度与充灌压力的关系曲线见图 6-6。该图表明，固结土体高度制约着土工织物管袋的截面高度。对于给定的充灌压力，特别是当充灌压力 $p_0/(\gamma_w L) < 0.2$ 时，土体越高，土工织物管袋的截面高度越小。当充灌压力 $p_0/(\gamma_w L) > 0.2$ 时，其影响并不明显。土工织物管袋的截面高度最高是当土体高度为零，即完全充灌液体时。本结果与图 6-5 中所观察到的结果相吻合。随着充灌压力的增加，土工织物管袋越高，土体侧向土压力系数的影响变得越来越明显。例如图 6-6 中 $H_s/L = 0.2$、$p_0/(\gamma_w L) = 0.02$、$\mu = 0.5$ 的情况下，当侧向土压力系数 k 从 0.65 增加到 3.0 时，H/L 的值从 0.148 减小到 0.115，减小了 22.3%。图 6-7 给出了不同 μ、k 和 H_s/L 时，多次充灌土工织物管袋的无量纲截面面积 A/L^2 与充灌压力 $p_0/(\gamma_w L)$ 的关系曲线。该图表明，无量纲截面面积的变化趋势和无量纲截面高度变化趋势一致。

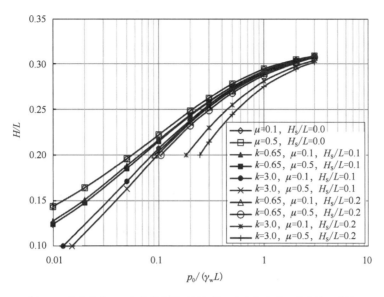

图 6-6 多次充灌土工织物管袋的无量纲截面高度与充灌压力的关系曲线

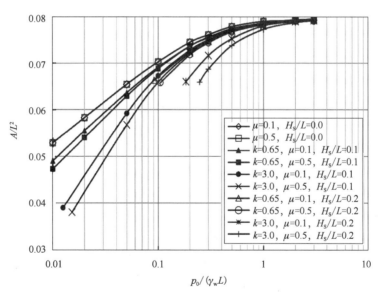

图 6-7 多次充灌土工织物管袋的无量纲截面面积与充灌压力的关系曲线

图 6-8 给出了不同 μ、k 和 H_s/L 时多次充灌土工织物管袋的无量纲截面宽度 B/L 与充灌压力 $p_0/(\gamma_w L)$ 的关系曲线。结果表明,土体高度制约着土工织物管袋的无量纲截面宽度,土体越高,土工织物管袋的截面宽度越大,特别是当充灌压力 $p_0/(\gamma_w L) < 0.2$ 时。但当充灌压力 $p_0/(\gamma_w L) > 0.2$ 时,其影响并不明显。当完全充灌液体,即土体高度为零时,土工织物管袋的截面宽度最小。例如图 6-8 中,当 $k = 3.0, \mu = 0.5, p_0/(\gamma_w L) = 0.3$ 时,固结土体高度 $H_s/L = 0.2$ 和 $H_s/L = 0$ 两种情况相比较,土工织物管袋的截面宽度减小了 10%。该种变化幅度表明,多次充灌土工织物管袋的计算中需要考虑固结土体高度的影响。图 6-9 给出了不同 μ、k 和 H_s/L 时,多次充灌土工织物管袋的无量纲截面同地面接

触宽度 b/L 与充灌压力 $p_0/(\gamma_w L)$ 的关系曲线。由图可知,无量纲截面与地面接触宽度的变化趋势和截面宽度变化趋势一致。

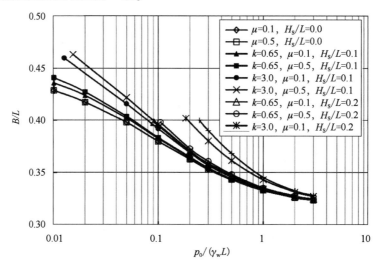

图6-8 多次充灌土工织物管袋无量纲截面宽度与充灌压力的关系曲线

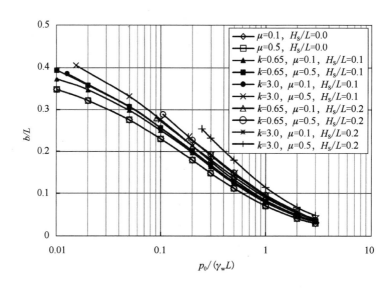

图6-9 多次充灌土工织物管袋无量纲截面同地面接触宽度与充灌压力的关系曲线

图 6-10 给出了不同 μ、k 和 H_s/L 时,多次充灌土工织物管袋的无量纲最大张力 T_{max} 与充灌压力 $p_0/(\gamma_w L)$ 的关系曲线。结果表明,多次充灌土工织物管袋的无量纲最大张力只受充灌压力 $p_0/(\gamma_w L)$ 的影响,并不受 μ、k 和 H_s/L 的影响。因此,多次充灌土工织物管袋的最大张力可以通过土工膜管袋的计算理论进行计算。但无量纲最小张力 T_{min} 却受 μ、k 和 H_s/L 影响,见图6-11。如果将图6-10中的无量纲最大张力 T_{max} 和充灌压力 $p_0/(\gamma_w L)$ 曲线同时画在图6-11中,可以看出 T_{max} 和 T_{min} 的差别大约 $0.048(\gamma_w L^2)$ 或者是 $T_{max}/(\gamma_w L^2)$ 的 27.7%。由于土工织物管袋在第一次充灌时需要使用土工膜管袋的计算

理论进行计算($H_s/L=0$),多次充灌时,也需要保证第一次充灌时土工织物的强度满足要求。因此,多次充灌土工织物管袋的张力计算可以采用土工膜管袋的计算理论进行计算。

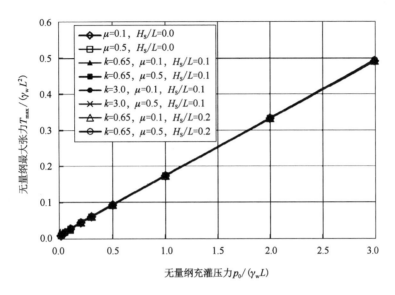

图 6-10　多次充灌土工织物管袋无量纲最大张力与充灌压力的关系曲线

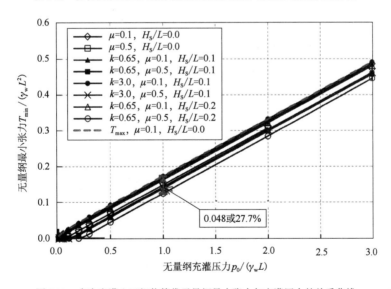

图 6-11　多次充灌土工织物管袋无量纲最小张力与充灌压力的关系曲线

6.4　本章小结

多次充灌土工织物管袋内部除了有新充灌入的泥浆外,还有前几次充灌后脱水剩余的土体。现行的土工织物管袋计算方法都是假定充灌材料是均匀液体,很显然不能直接用于该情况的设计计算。本书提出了一种新的理论计算方法,以求解多次充灌土工织物管袋的变形和受力特性。推导过程中,将土体对土工织物管袋的作用力分解为土体颗粒的有效应力和静水压力,土体有效应力同时又被分解为竖向和侧向土压力。土体有效应力对土工织物管袋的作用取决于土体单元和土工织物管袋的相对位置。同时考虑了土工织物材料与内部土体的摩擦力以及土工织物管袋与地面的摩擦力。随后用 Runge-Kutta-Merson 方法对微分方程组进行了求解,并对各关键影响参数进行了分析。结果表明,多次充灌土工织物管袋的几何尺寸受脱水土体高度影响较大,特别是当充灌压力 $p_0/(\gamma_w L) <$ 0.2 时。此外,多次充灌后土工织物表面的张力分布并不均匀,最大张力分布在固结土体土表面以上充灌液体的范围内,张力可以采用土工膜管袋的计算理论进行计算。

7 土工织物管袋泥浆脱水试验研究

7.1 概述

污泥包括由污水处理过程中产生的含水率不同的半固态或固态物质(工业污泥),或由城市河道、湖泊疏浚清淤工程以及城市下水道产生的淤泥(疏浚淤泥),或由湿法选矿产生的以细颗粒为主的废弃物(尾矿泥)。由于我国城市化发展迅速,污泥产量逐年增多。据不完全统计,2020 年我国城镇工业污泥产生量约为 7462. 43 万 t,同比增长 11. 57%。水利工程每年疏浚淤泥总量超 1 亿 m³[39]。矿山的尾矿泥年产量超 3 亿 t,并以每年 2% 的速度增长[40]。

污泥处理就是对上述污泥进行浓缩、调治、脱水、稳定、干化或焚烧的加工过程[38],实现污泥的减量化、稳定化和无害化[92]。由于污泥成分复杂,含有病原微生物、寄生虫卵、有毒有害的重金属及大量的难降解物质,如若处理不当,容易对水体、土壤和大气造成二次污染[93]。然而,我国污水处理普遍存在"重水轻泥"的现象,使得我国污水处理快速发展,而污泥处理却停滞不前,污泥处理缺口巨大。截至 2020 年底,全国污水处理厂产生的污泥无害化处置率约为 65%,主要处置方式为卫生填埋、焚烧、制肥、制造建材。余下的污泥中,约 1/3 采用"临时手段"处置,剩余污泥去向不明[41]。

西方国家的大规模现代化污泥处理约从 20 世纪 60 年代末开始。欧共体于 1986 年通过了《欧洲议会环境保护、特别是污泥农用土地保护准则》,于 1992 年通过了《欧共体城市废水处理法令》,并于 1999 年颁布了《欧盟污泥填埋指导原则》。美国环保局也于 1989 年初提出了《生活污水厂污泥处理和利用法则》,并于 1993 年公布了污水污泥处理规则。日本虽然没有单独制定污泥处置法规,但对污泥使用的限制存在于土壤、地下水、填埋、肥料等相关规定中。由于受到一系列环保政策的影响,污泥处理在全世界正逐步被规范化。

我国政府部门也逐渐开始意识到解决污泥问题的重要性,于 2007 年发布了《城镇污水处理厂污泥处置 混合填埋泥质》(CJ/T 249—2007),其中规定用于混合填埋的污泥含水率应低于 60%,不排水抗剪强度需大于 25kPa。2010 年我国发布了《生活垃圾填埋场渗滤液处理工程技术规范(试行)》(HJ 564—2010)。2011 年我国发布了《关于进一步加强污泥处理处置工作组织实施示范项目的通知》,要求各地有关部门要高度重视污泥处理处置工作。根据政府规划,"十二五"期间我国污泥处理处置设施建设投资将达 347 亿元。《"十三五"全国城镇污水处理及再生利用设施建设规划》提出,"十三五"期间新增或改造污泥(按含水率80%的湿污泥计)无害化处理处置设施能力6010t/d,增加或改造污泥无害化处理处置设施投资294亿元,到2020年底,初步实现建制镇污泥统筹集中处理处置。但我国目前常用的堆泥场晾晒处理方法,极易造成污染物渗漏、迁移、扬尘等二次污染事故,而且脱水时间长,效果不明显,仍存在污泥存储和再处理等问题。若采用机械脱水方法(如板框压滤)处理污泥,由于污泥颗粒细小,水力渗透性能很差,现行技术仍存在效率较低、处理费用较高等问题。目前,欧美发达国家正在积极研发高效污泥脱水技术,包括电渗脱水技术、冻融处理技术、超声波处理技术、膜分离技术等,但都存在设备一次性投资高、建设车间厂房、处理量小、成本高、处理能力不能满足现场治理的短暂工期要求(如疏浚淤泥处理)等一系列不足。

使用土工织物管袋进行污泥脱水,其以成本低、处理量大、易于现场操作等优势,受到环境保护界人士的重视,已被广泛用于工业污水[42,94]、湖河淤泥[43-45]、工业废水[46]、尾矿泥[48,95]等的脱水。由于脱水后的淤泥含水率可被降低到50%~60%,从而可以很容易地进行陆地运输、回收利用或者处理。与传统方法相比较,使用土工织物管袋进行污泥脱水,处理性能更稳定、工艺简单、效果优越、总投入及处理成本低,因而更具有市场竞争力。

土工织物管袋的脱水过程较为复杂,不仅耦合了土工织物管袋内部泥浆的渗流和固结脱水两个过程,渗透和固结边界条件受土工织物管袋不规则截面形状的影响,而且在脱水过程中污泥由流体状态逐渐变化为固体状态,其渗透系数和变形率等也都随脱水时间而变化。现行简化计算方法是假定脱水过程中,土工织物管袋的截面宽度不变,表面平整,从而将该问题简化为一维固结过程[33,96],以假定的孔隙率来确定最终沉降量。显然,此方法所求得的估计沉降过于保守,孔隙率的选取也过于依赖于设计人员的经验。Yee和Lawson[97]提出了一种工程经验系数法,虽然可以很好地拟合现场试验数据和变化曲线,但并不适用于工程施工前的设计和分析。总之,现阶段对土工织物管袋脱水过程的计算,并没有准确可靠且被普遍接受的理论和方法。

加速土工织物管袋脱水过程,缩短脱水周期,可以有效减少污泥运输成本和处理体积。传统土工织物管袋污泥脱水通常需要1~2个月的脱水周期,对于大规模污泥处理,此脱水周期太过漫长。目前常见的加速污泥脱水方法可分为化学法和物理法。絮凝剂法是最为常用的化学法加速污泥脱水方法。絮凝剂作用原理主要是带有的正(负)电性的基团和水中带有负(正)电性的难于分离的一些粒子或者颗粒相互靠近,降低其电势,使其处于不稳定状态,并利用其聚合性质使得这些颗粒集中,然后通过后续的物理或化学方法进行分离。堆叠法是最为常用的加速污泥脱水过程的物理方法,即通过上部土工织物管袋的重量加速下部土工织物管袋内污泥脱水的过程。该方法施工简单,可以使得下部管袋内的污泥含水率减小到60%以下。但下层土工织物管袋在堆叠时会产生张力突变,增加了下层管袋破损的风险。土工织物管袋-真空法是在土工织物管袋内部预埋真空管,通过施加真空荷载加速管袋内部污泥脱水的方法。本章通过一系列的大型室内模型试验,对堆叠法和真空法污泥脱水过程进行了研究,试验过程中使用高岭土泥浆模拟污泥。

7.2 模型试验

模型试验中所使用的土工织物,是由台湾铎司工程有限公司(Tok Si Engineering Co. Ltd)提供的黑色土工织物材料,其基本性质参数如表5-1所示。土工织物材料在经纬两个方向上的抗拉强度基本相同,平均极限抗拉强度分别为纬向26kN/20cm,经向29kN/20cm。土工织物管袋是由土工织物三面缝合而成,并采用"J"型接缝。接缝平均抗拉强度为15kN/20cm,强度仅为无接缝试样强度的51.7%。本书所采用的模型试验系统与第5.3节所使用的模型试验设备相同,该套试验装置如图5-3所示。模型试验设备由数据采集系统、土工织物管袋和试验池、变形测试系统、充灌系统等四部分组成。试验过程中,数据采集系统主要用于记录应变片和水压传感器的数据,变形测试系统用于记录土工织物管袋的几何形状变化,充灌系统用于向土工织物管袋内充灌泥浆。试验中采用的泥浆由高岭土和水搅拌而成。试验用高岭土产自 Malaysia Sdn. Bhd. 公司,其含水率如表5-2所示。之所以使用高岭土泥浆,主要是由于高岭土的颗粒级配均匀性较好,能够相对较快地固结,市场上很容易买到,且试验具有可重复性。

7.3 堆叠法

7.3.1 试验过程

本节使用双层堆叠土工织物管袋方法,对不同含水率的高岭土泥浆的脱水效果进行了室内试验研究。两组试验分别定义为SPT1 和 SPT2,试验中底层土工织物管袋的长度和宽度分别为2.0m 和 1.0m。对于模型试验 SPT1,顶层土工织物管袋的长度和宽度分别为1.35m和 0.7m。对于模型试验 SPT2,顶层土工织物管袋的长度和宽度分别为1.5m 和0.75m。模型试验 SPT1 和 SPT2 中的高岭土泥浆含水率分别为 71.6% 和 89.2%,见表7-1。

堆叠土工织物管袋基本信息 表 7-1

模型试验编号	材料类型	顶袋尺寸 (宽度×长度,m)	底袋尺寸 (宽度×长度,m)	泥浆含水率 (%)
SPT1	HWG	0.70×1.35	1.0×2.0	71.6
SPT2	HWG	0.75×1.50	1.0×2.0	89.2

土工织物管袋的应变采用应变片(型号 WFLA-6-11-3L)测量,测量和矫正方法与第2.3.2 节相同。应变片的位置分布见图7-1。本书同样采用图5-5(a)所示拟合曲线法对

应变片的读数进行校准和计算。需要指出的是,模型试验中的应变片最大读数并没有超过 3500,该值也是图 5-5(a)中显示的最大应变读数。应变片的弯曲效应修正,所采用的方法与第 2.3.2 节相同。应变计读数与弯曲半径(或圆柱的半径)的关系曲线同样是指数关系,见图 5-5(b)。应当指出的是,由于土工织物管袋上应变计的弯曲半径在排水固结阶段会发生变化,上述关系可能无法完全修正模型试验中所有原始应变计读数的弯曲效应。因此,本章所测得的拉力值和真实值可能会有误差,但本节测量数据仍可用于研究土工织物管袋固结过程中的张力变化趋势。

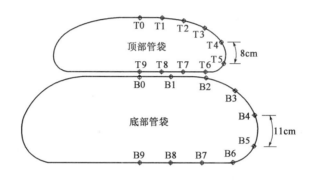

图 7-1 应变片粘贴位置示意图

试验过程中,将底层管袋首先充灌到一定高度,见图 7-2(a)。在底层土工织物管袋自重固结脱水完成以后,见图 7-2(b),顶层土工织物管袋置于底层土工织物管袋之上并进行充灌,直至充灌完成,见图 7-2(c)和图 7-2(d)。试验过程中的各参数由测量系统进行测量。由于两层土工织物管袋压在一起,很难对两层土工织物管袋的接触面直接进行测量,因此,在本试验过程中,采取插入一组弯曲的铁条这一方法来测量两个堆叠土工织物管袋之间的接触面形状,见图 7-3。试验测量过程中,激光位移计测量的是铁条弯曲部分的高度。数据处理时,将铁棒的高度减掉即可得到两层土工织物管袋的接触面位置。由于铁条的重量很小,其重量对土工织物管袋的干扰可以忽略不计。

(a)充灌底部管袋　　　　　　　(b)底部管袋脱水固结

图 7-2

(c)放置顶部管袋并充灌　　　　　　　　　(d)顶部管袋充灌完成

图7-2　双层堆叠法土工织物管袋试验过程照片

图7-3　堆叠土工织物管袋间接触面形状测量照片

7.3.2　试验结果

模型试验 SPT1 中,底部土工织物管袋在脱水过程中横截面随时间的形状变化见图7-4(a)。底部土工织物管袋在充灌过程中,截面高度迅速升高,充灌4.51h后,表面接近半圆弧形。随着所充灌泥浆的脱水,底部土工织物管袋的高度有所减小。在44.6h后,所测量的轮廓表面变平,如图7-4(a)所示。在99.03h时,顶部管袋置于底部管袋上并进行充灌,泥浆含水率为71.2%。顶部土工织物管袋在充灌后的高度为0.677m,如图7-4(b)所示。在顶部土工织物管袋的重量作用下,底部土工织物管袋受压,表面变得更为扁平,最大高度减少量约为2cm。在该脱水过程中,两个土工织物管袋的截面形状变化以顶部为主,在113.2h后,顶部土工织物管袋脱水至表面扁平。需要说明的是,土工织物管袋横截面在测量时,由于激光传感器只能测量表面形状,并不能测量底部的弧形形状。因此,图7-4中,只有上表面的截面是土工织物管袋的形状,而底部形状只是其投影宽度。

在填充和脱水过程中,试验 SPT1 中土工织物管袋的高度随时间变化曲线见图7-5(a)。从图中可以看出,底部土工织物管袋在充灌过程中,高度随时间而快速增大。由于充灌箱的体积有限,充灌过程分为两步:第一次充灌过后,土工织物管袋的高度为0.23m;第二次充灌过后,土工织物管袋的高度为 0.47m。充灌完成后,土工织物管袋进入排水过程。排水初期,土工织物管袋高度快速下降,但随后逐渐下降趋势变缓,11h 后基本趋于稳定状态。将顶部土工织物管袋放置之后,用图 7-3 所示方法对底袋的截面进行测量,底部土工织物管袋在大约 3h 内沉降约 1.3cm,约为总高度的 3.8%。底部管袋较小的沉降,意味着顶部管袋堆叠对底部管袋的固结沉降影响非常有限。因此,试验中的双层堆叠法并不能有效地提高底部土工织物管袋的脱水效果。

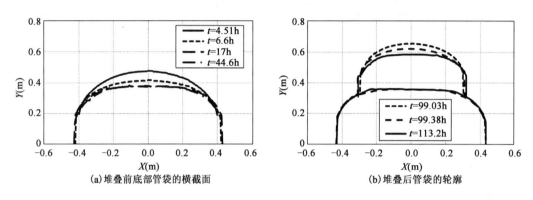

(a)堆叠前底部管袋的横截面　　　　　(b)堆叠后管袋的轮廓

图 7-4　试验 SPT1 中堆叠土工织物管袋横截面形状随时间的变化情况

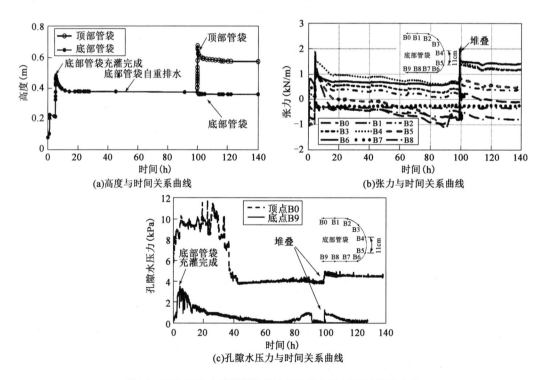

(a)高度与时间关系曲线　　　　　(b)张力与时间关系曲线

(c)孔隙水压力与时间关系曲线

图 7-5　试验 SPT1 中管袋高度、张力和孔隙水压力随时间变化曲线

试验 SPT1 中,底部土工织物管袋圆周各点的张力随时间变化曲线见图 7-5(b)。由于内部土体的侧向土压力或膨胀作用,B2 至 B6 点处的张力在填充结束时增长到最大值,

然后在脱水期间逐渐减小。在堆叠顶部土工织物管袋之前,底部管袋表面上 B0 和 B1 点处的张力迅速减小。然而,底部 B7 到 B8 点处的张力在填充和脱水期间几乎保持恒定,并不受充灌过程的影响。在堆叠顶部管袋之后,底部土工织物管袋各点处的张力突然增加,这主要是由于顶部土工织物管袋内部土体重力作用的结果,张力增加量与顶部管袋的重量有直接关系。

静水压力是决定土工织物管袋横截面形状和表面张力的主要控制因素。对于不透水的土工膜管袋,由于内部所充灌的水并没有渗出,管袋内部静水压力是恒定不变的。然而,对于可渗透的土工织物管袋,静水压力在脱水过程中随着土体的固结和脱水逐渐变小。试验 SPT1 中,底部土工织物管袋上下表面的静水压力与排水时间的关系曲线见图 7-5(c)。由图可以看出,在放置顶部土工织物管袋之前,底部土工织物管袋内上下表面处的孔隙水压力在自重固结结束时几乎达到稳定值。在放置顶部土工织物管袋之后,孔隙水压力随着时间增加而逐渐消散,直到达到如图 7-5(c) 所示的恒定值。

试验 SPT2 与试验 SPT1 的试验方法相同,所用的充灌泥浆含水率为 89.2%,上下土工织物管袋的横截面形状随时间变化见图 7-6。试验 SPT2 中底部土工织物管袋在 1.87h 内充灌完成,脱水 21.43h(总时间为 23.3h),如图 7-6(a) 所示。在 96.93h 时,将顶部土工织物管袋置于底部土工织物管袋之上,并充灌至总高度 0.606m,如图 7-6(b) 所示。

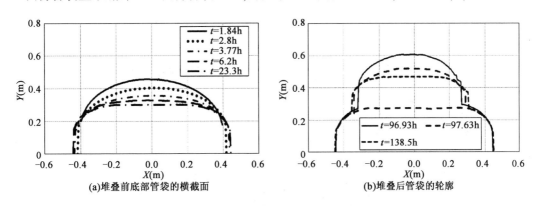

图 7-6 试验 SPT2 中土工织物管袋横截面形状随时间变化情况

试验 SPT2 在充灌和脱水过程中顶部和底部土工织物管袋的高度随时间变化曲线见图 7-7。由图可以看出,底部土工织物管袋的自重固结约在充灌后 6h 完成。顶部土工织物管袋放置后,底部土工织物管袋在 4h 后沉降约 2.0cm,占其总高度的 6.6%。底部管袋沉降较小意味着顶部管袋的堆叠对底部管袋的固结沉降影响较有限。这主要是因为试验过程中,顶部土工织物管袋的体积较小,所产生的有效应力并不能有效地增加底部土工织物管袋的固结效果。底部土工织物管袋表面张力随时间变化曲线如图 7-7(b) 所示,张力变化趋势和试验 SPT1 较为一致。试验过程中,土工织物管袋上下表面处的孔隙水压力随时间变化曲线见图 7-7(c)。充灌完成时,该点处的孔隙水压力达到的最大值分别为 4.9kPa 和 9.0kPa。随后的孔隙水消散过程和试验 SPT1 中所观测的结果基本相同。

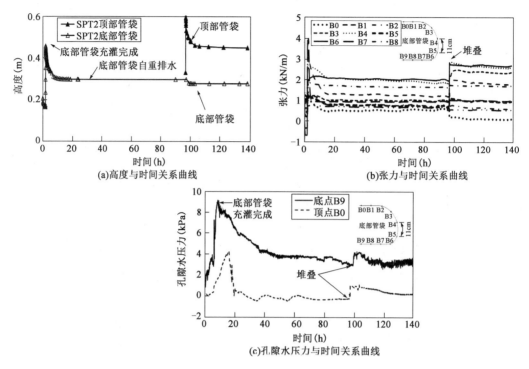

图 7-7 试验 SPT2 中土工织物管袋高度、张力和孔隙水压力随时间变化曲线

7.3.3 脱水变形率

由于土工织物材料和固结后土体的低渗透性,土工织物管袋的脱水固结过程具有时效性。土工织物管袋的脱水量即为土工织物管袋的体积变化量。由于实际工程中较难对土工织物管袋的体积变化进行测量,通常采用测量土工织物管袋的高度变化来进行间接评估。本书采用脱水变形率 D_ε 来对土工织物管袋脱水过程进行描述。脱水变形率定义为土工织物管袋最终高度变化量($H_0 - H_{SF}$)除以土工织物管袋初始高度 H_0,计算公式如下:

$$D_\varepsilon = (H_0 - H_{SF})/H_0 \times 100\% \tag{7-1}$$

式中,H_0 为底部土工织物管袋堆叠前的初始高度;H_{SF} 为底部土工织物管袋在固结脱水完成以后的最终高度。

为评估土工织物管袋脱水程度,本书参照土力学中固结度的概念,定义土工织物管袋在脱水时间 t 时的高度变化($H_0 - h$)除以土工织物管袋最终高度变化($H_0 - H_{SF}$)为脱水固结度 U_d,计算公式如下:

$$U_d = (H_0 - h)/(H_0 - H_{SF}) \times 100\% \tag{7-2}$$

式中,h 为脱水时间 t 时的底部土工织物管袋的高度。

使用式(7-1)计算模型试验 SPT1 中土工织物管袋在自重固结脱水过程的脱水变形率时,取 H_0 为下侧管袋在充灌完成后的高度,H_{SF} 为堆叠上部管袋前底部土工织物管袋的高度,脱水时间 t 自充灌完成时算起。模型试验 SPT1 中,自重脱水阶段的脱水变形率随时间变化曲线见图7-8(a),脱水变形率达到80%大约用时3.6h。运用式(7-1)计算模型试验 SPT1 中底部土工织物管袋在堆叠脱水阶段的脱水变形率时,取 H_0 为底部管袋堆叠前的高度,H_{SF} 为底部土工织物管袋固结脱水后的最终高度,脱水时间 t 自堆叠时间开始算起。模型试验 SPT1 中堆叠脱水阶段脱水变形率随时间变化曲线见图7-8(a),脱水变形率达到80%用时1.56h。就脱水变形率而言,堆叠法的效率远高于自重固结法。模型试验 SPT2 中自重脱水阶段和堆叠阶段脱水变形率随时间变化曲线见图7-8(b)。试验 SPT2 的计算方法和 SPT1 相同。自重脱水阶段,脱水变形率达到80%时,用时4h,堆叠阶段达到相同效果用时1.5h。

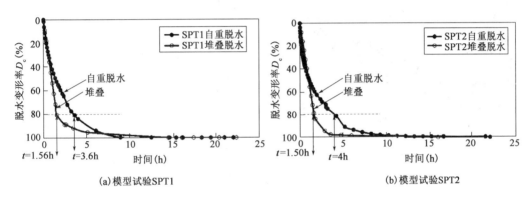

图7-8 自重脱水和堆叠方法的脱水变形率比较

7.3.4 试验后高岭土性质

使用透水土工织物管袋进行污泥脱水,通常是为了降低土体含水率或者增加土体抗剪强度,增强其工程特性。本书对试验后土工织物管袋内部高岭土的工程特性进行了测试。脱水试验结束后,剪开土工织物管袋并在不同位置取土样进行测试,试验过程照片见图7-9。

试验 SPT1 中,底部土工织物管袋横截面不同位置处的高岭土的含水率分布见图7-10。由图可以看出,高岭土的含水率分布并不均匀。在底部土工管袋中心位置处,由于排水路径较长,土体含水率普遍较高,平均值约为52%。外围土样含水率较低,平均值约为50%。底部土工织物管袋上表面处的土体含水率最低,平均值约为46%。试验 SPT2 中,底部土工织物管袋中高岭土的含水率分布见图7-11,可以看出,底部土工织物管袋上表面处的平均含水率为50.5%,两侧土体平均含水率为52%,横截面中心处的土体平均含水率为54%。土体脱水效果导致的土样含水率分布差异,主要是由土工织物管袋的滤饼效应和土体排水路径的差异造成的。

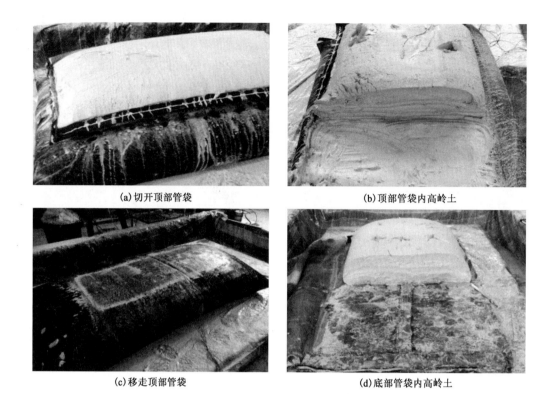

(a) 切开顶部管袋　　　　　　　　　　(b) 顶部管袋内高岭土

(c) 移走顶部管袋　　　　　　　　　　(d) 底部管袋内高岭土

图 7-9　试验后高岭土的基本性质测量照片

图 7-10　试验 SPT1 底部土工织物管袋中高岭土的含水率分布(单位:%)

图 7-11　试验 SPT2 底部土工织物管袋中高岭土的含水率分布(单位:%)

　　由于固结后高岭土的抗剪强度较低,无法通过三轴试验进行测试,本书采用室内十字板剪切试验进行测量。十字板剪切片直径为 33mm,高度为 50mm,如图 7-12(a)所示。根据英国标准 BS1377-7(1990),本书选取校正因子 1.346。沿底部土工织物管袋的 5 个横截面进行测试,如图 7-12(b)所示。每个横截面测量 3 个点,土体十字板剪切强度值见表 7-2。试验结果显示,试验 SPT1 中,底部土工织物管袋中土体平均抗剪强度为18.2kPa;试验 SPT2 中,土体平均抗剪强度仅为 8.5kPa。

(a)十字板剪切仪

(b)十字板剪切试验位置

图 7-12 十字板剪切试验的测量点分布照片

下侧管袋中固结高岭土剪切强度   表 7-2

试 验 编 号	试 验 截 面	侧翼剪切强度(kPa)	中心剪切强度(kPa)	侧翼剪切强度(kPa)
SPT1	1	16.5	23.1	19.8
	2	17.6	24.2	13.2
	3	11.0	19.8	22.0
	4	11.0	11.0	19.8
	5	19.8	22.0	22.0
SPT2	1	8.4	10.0	9.2
	2	12.6	8.4	7.5
	3	8.4	6.7	8.4
	4	6.7	8.4	8.4
	5	7.5	8.4	9.2

7.4 真空法

使用真空法加速土工织物管袋内土体脱水固结过程,是由作者提出的新型高含水率污泥处理方法。该方法结合了土工织物管袋防止污泥颗粒外漏和真空法快速脱水的两个优点,通过在土工织物管袋内部埋设真空管并施加真空荷载,以达到加速土工织物管袋内污泥固结脱水的目的。本书开展了两组大型室内模型试验(分别定义为试验 VIT1 和试验 VIT2)对该方法的可行性进行试验验证,测量土工织物管袋内土样的含水率和强度分布,以确定试验前后污泥的含水率变化,分析了该方法的脱水效率并与堆叠法进行了对比。

7.4.1 试验过程

真空法所用土工织物管袋与堆叠法所用土工织物管袋的尺寸相同,皆为宽度 1.0m × 长度 2.0m。试验 VIT1 和试验 VIT2 中所用充填浆料的含水率分别为 80.6%、103.6%,具体参数见表 7-3。土工织物管袋的拉力、顶部和底部的孔隙水压力以及土工织物管袋变形所需的测量仪器,与第 5.3 节中单个土工织物管袋室内模型试验中的仪器相同。防水应变计、孔压传感器和激光扫描仪的安装位置和方法,也与单个土工织物管袋试验所采用的仪器相同。

真空法加速土工织物管袋内土体脱水固结试验参数   表 7-3

试验编号	材料类型	宽度(m)	长度(m)	泥浆含水率(%)
VIT1	HWG	1.0	2.0	80.6
VIT2	HWG	1.0	2.0	103.6

真空法所使用的土工织物管袋充灌和脱水方法,与单个土工织物管袋的方法相同,只是需在土工织物管袋内部预先埋入排水支架,支架的尺寸为 80cm × 28cm × 9cm(长 × 宽 × 高),如图 7-13 所示。水平排水管固定在支架上,并且其中一端与真空罐相连。水平排水管为直径 5cm 的多孔聚氯乙烯(PVC)管,表面包裹 0.3mm 厚的土工织物,以防止在真空排水过程中泥土颗粒流入水平排水管内部。水平排水管的一端与 6mm 直径的红色塑料管相连,该塑料管直接连到真空罐。真空罐的作用是在真空荷载施加过程中保持相对稳定的真空压力,并用于存储由土工织物管袋内部排出的水。真空罐的盖子表面预留连接口并与真空泵相连,见图 7-14。为防止水平排水板与土工织物管袋底部接触,造成真空荷载施加过程中漏气,水平排水管与支架底部悬空 4cm 左右。因此,泥浆充灌以后会将水平排水管完全包裹、密封,试验后的照片见图 7-15。

(a)支架与水平排水管连接

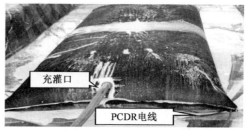

(b)真空管与土工织物管袋连接

图 7-13 土工织物管袋和水平排水管的安装示意图(尺寸单位:cm)

(a) 真空罐与真空管连接

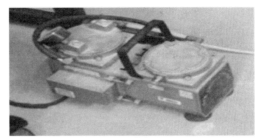

(b) 真空泵

图 7-14　真空罐和真空泵照片

(a) 试验后高岭土覆盖支架

(b) 覆盖支架的高岭土横截面

图 7-15　使用真空法对泥浆进行脱水后照片

7.4.2　试验结果

试验 VIT1 中,土工织物管袋高度随时间的变化曲线如图 7-16(a)所示。由于泥浆充灌罐的容积限制,土工织物管袋的充灌过程分为两次。第一次充灌后,土工织物管袋的高度为 0.2m;第二次充灌后,土工织物管袋的高度为 0.37m。充灌过程中,土工织物管袋高度增长迅速。充灌完成后,泥浆在自重作用和土工织物管袋的约束作用下脱水固结,土工织物管袋高度随时间慢慢变小,约 9h 后达到稳定值,此时土工织物管袋的自重脱水基本停止。真空荷载大约在第 42.1h 时施加。施加真空荷载后,土工织物管袋的高度慢慢下降,2h 后下降约 3.9cm,为其总高度的 12.1%。

土工织物管袋顶部和底部孔隙水压力随时间的变化曲线见图 7-16(b)。孔隙水压力在充灌结束时(6.5h)达到峰值,分别为 8.6kPa 和 2.0kPa。自重固结完成后(40h),顶部和底部的孔隙水压力减为 0.3kPa 和 3.2kPa。在施加真空荷载之后,水平排水管侧面和顶部的孔隙水压力突然下降,见图 7-16(c)。水平排水管右侧支架处所测量的真空压力,在施加真空荷载时为 −64kPa,之后可能由于密封性的问题,最终稳定在 −30kPa。水平排水管顶部的真空压力,在施加真空荷载时为 −72.4kPa,同样也是由于密封性的问题,最终慢慢稳定在 −30kPa。

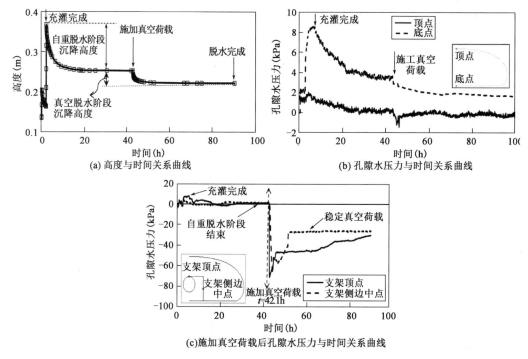

(a) 高度与时间关系曲线   (b) 孔隙水压力与时间关系曲线

(c)施加真空荷载后孔隙水压力与时间关系曲线

图 7-16　试验 VIT1 中土工织物管袋高度和孔隙水压力随时间变化曲线

　　试验 VIT1 中,土工织物管袋张力随时间的变化曲线如图 7-17 所示。土工织物管袋侧面 B2、B4 和 B5 点的张力在充灌完成后增加到峰值,在脱水期间逐渐减小。由于土工织物管袋内侧土体的侧向压力作用,B2、B4 和 B5 点处的拉力在自重脱水阶段仍保持相对较大的值。在充灌和自重脱水过程中,与地面接触的 B7 ~ B9 点处的张力由于摩擦力的作用几乎保持稳定。施加真空荷载之后,土工织物管袋各点处的张力都突然减小,特别是在 B1 ~ B5 点处,随后逐渐达到恒定值。然而,底部 B7、B8 和 B9 点处的张力几乎不受影响。

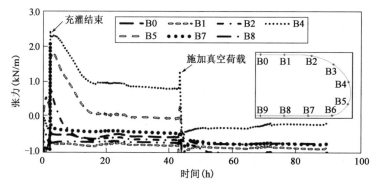

图 7-17　试验 VIT1 中土工织物管袋张力随时间变化曲线

　　试验 VIT2 中,土工织物管袋高度随时间的变化曲线如图 7-18(a)所示。土工织物管袋经过 3 次充灌以后,总高度为 0.45m。充灌完成后,泥浆在自重作用和土工织物管袋的约束作用下开始脱水固结,土工织物管袋高度随时间慢慢变小,约22h后达到稳定值。施加真空荷载后,土工织物管袋的高度在4h后下降约4.0cm。管袋顶部和底部的孔隙水压力在填充结束时(9.0h)达到峰值,分别为12.0kPa和2.0kPa。自重固结完成后(20h),顶部和底部的孔隙水压力减为6.0kPa和2.0kPa,见图7-18(b)。在施加真空荷载之后,水平排水管周围的真空压力最大值为−75kPa,由于密封性的问题,最后稳定在−15kPa,见图7-18(c)。

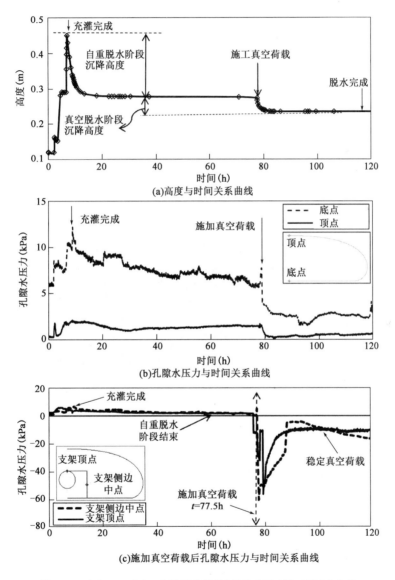

图 7-18 试验 VIT2 中土工织物管袋高度和孔隙水压力随时间变化曲线

试验 VIT2 中,土工织物管袋张力随时间的变化曲线如图7-19所示,土工织物管袋侧面各位置处的张力随时间变化趋势与试验 VIT1 基本相同。

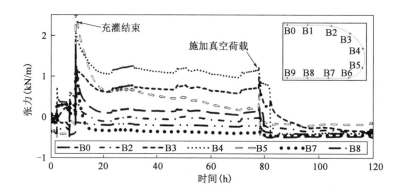

图 7-19 试验 VIT2 中土工织物管袋张力随时间变化曲线

两组试验完成以后,发现土工织物管袋内部土体在真空荷载施加后体积产生较大收缩,土工织物管袋表面出现褶皱,见图 7-20。这也是土工织物管袋表面张力变小的主要原因。因此,真空法比堆叠法更能有效地防止土工织物管袋在加速脱水过程中张力的突然增加甚至破裂,从而能够有效降低土工织物管袋发生张拉破坏的风险。

图 7-20 试验后土工织物管袋表面褶皱照片

7.4.3 脱水变形率

运用式(7-1)计算模型试验 VIT1 中自重固结脱水过程的脱水变形率时,取 H_0 为施加真空荷载之前的管袋高度,H_{SF} 为土工织物管袋固结脱水完成后的最终高度,脱水时间 t 自充灌完成时算起。模型试验 VIT1 中,土工织物管袋自重固结法脱水变形率随时间变化曲线如图 7-21(a)所示,脱水变形率达到 80% 时大约用时 4.13h。土工织物管袋真空法脱水变形率随时间变化曲线如图 7-21(a)所示,脱水变形率达到 80% 时大约用时 2.3h。就脱水效率而言,真空法的效率远高于自重固结法。模型试验 VIT2 中,自重固结法和真空法脱水变形率随时间变化曲线如图 7-21(b)所示。脱水变形率达到 80% 时,自重固结法和真空法所需的时间分别为 3.15h 和 1.68h。土工织物管袋的变形和脱水变形率计算结果见表 7-4。

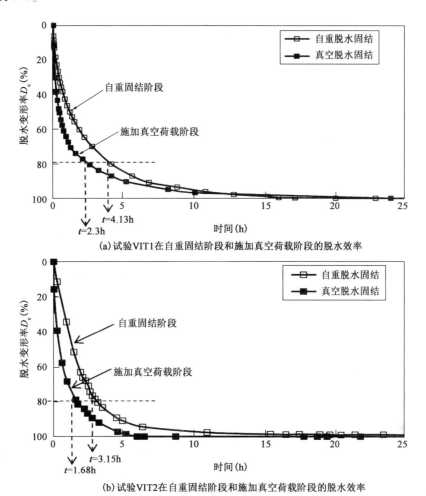

(a)试验VIT1在自重固结阶段和施加真空荷载阶段的脱水效率

(b)试验VIT2在自重固结阶段和施加真空荷载阶段的脱水效率

图 7-21 试验 VIT1 和 VIT2 在自重固结阶段和施加真空荷载阶段的脱水效率

真空法加速土工织物管袋脱水试验结果 表 7-4

试验编号	真空荷载（kPa）	自重固结阶段		施加真空荷载阶段	
		ΔH(cm)	$D_\varepsilon = 80\%$ 耗时(h)	ΔH(cm)	$D_\varepsilon = 80\%$ 耗时(h)
VIT1	−72.4 ～ −39.5	17.7	4.13	3.8	2.30
VIT2	−76.3 ～ −52.5	11.4	3.15	3.1	1.68

7.4.4 试验后高岭土性质

试验 VIT1 和 VIT2 后，高岭土的平均含水率分别为 44.03%、48.08%，土体含水率分别下降 45.37% 和 53.59%。试验 VIT1 中，土体脱水后含水率(44.03%)比试验 VIT2 中土体含水率(48.08%)小，主要原因是试验 VIT1 中所稳定的真空荷载比试验 VIT2 中的真空荷载大。

　　堆叠法和真空法试验过程中,土工织物管袋张力变化的最大幅值与初始张力的比值见表 7-5。试验 SPT1 在堆叠上部土工织物管袋后,张力增加最大百分比为 140.8%,而试验 SPT2 为 75.4%。对于真空法,试验 VIT1 在施加真空荷载后,土工织物管袋张力减小最大百分比为 45.8%,而试验 VIT2 为 62.1%。因此,真空法能有效降低土工织物管袋发生破坏的风险。

真空法和堆叠法试验结果对比　　　　　表 7-5

试验编号	泥浆含水率(%)			UC		十 字 板		D_e (%)	$U_d = 80\%$ 耗时(h)	$\Delta T/T_0$ (%)
	初始	最终	变化百分比(%)	C_u (kPa)	泥浆含水率(%)	C_u (kPa)	泥浆含水率(%)			
SPT1	71.6	49.98	30.20	—	—	—	—	3.8	1.56	140.8
SPT2	89.2	51.28	42.51	—	—	—	—	6.6	1.50	75.4
VIT1	80.6	44.03	45.37	20.3	45.4	26.5	44.3	12.1	2.30	−45.8
VIT2	103.6	48.08	53.59	19.6	49.9	25.1	48.2	14.9	1.68	−62.1

7.5　本章小结

　　本章通过一系列的大型室内模型试验,对堆叠法和真空法加速土工织物管袋内的污泥脱水过程进行了研究。试验过程中使用高岭土泥浆模拟污泥。试验发现,采用堆叠法在上层土工织物管袋堆叠后,下层管袋张力比施加前突增达 140.8%,对下层管袋的材料强度要求增高,即增加了工程材料成本。此外,堆叠法中下层管袋被压至扁平状,不可以再次充灌,较难充分发挥材料的性能。而采用真空法施加真空荷载后,土工织物管袋张力比施加前减少达 62.1%。脱水周期比自重脱水缩短达 50%。高岭土泥浆含水率由试验前的 103.6% 减少到脱水后的 48.08%。因此,真空法相比于堆叠法,不仅降低了土工织物管袋破损的风险,且易于多次充灌,减少了土工织物管袋的用量,大大缩短脱水周期,提高了现场的施工速度。

8 支挡土工膜管袋数值计算

8.1 概述

近年来,由于环境破坏和气候多变引起的洪涝灾害频发。尤其在遭遇强降雨天气时,大中型城市的地表水无法迅速排出或渗透到地下,往往会引起内涝灾害。所以洪水来临之时,急需一套安全高效、施工快速的挡水措施,以降低洪涝给国家、社会和人民带来的损失。传统抗洪抢险措施主要采用灌装砂袋并逐级堆叠形成挡水堤坝,但该方法不仅耗费大量人力、物力,还要消耗大量的砂土材料,破坏了原有土地资源分布空间。另外,由于洪水侵袭的突发性、瞬时性和猛烈性,需要严格确保挡水堤坝建设的时效性,保证洪水来袭时对洪水进行有效改道,灌装砂袋的时效性已不能满足当前要求。此外,洪水退却后,灌装砂袋内部易滋生大量细菌垃圾,若不及时拆除也会给生态环境和居住环境带来一定的污染和不便,且拆除所需要的人力、物力进一步增加了该方法的成本。

使用土工膜管袋进行抗洪抢险,主要是采用水或空气进行泵送充灌,并使得土工膜管袋快速充灌至设计高度,阻挡洪水于一侧,保证重要建筑物或人民群众生命财产安全。该方法的主要优点是在洪水来临时易于充填,洪水退却后方便回收和循环利用。使用土工膜管袋进行抗洪抢险有效地解决了传统抗洪抢险的时效性问题,突显了施工工期短的优势。由于土工膜管袋是薄壁柔性结构以及充填物具有流体的性质,导致充填后的土工膜管袋在侧向水压力作用下易发生持续的翻滚滑移[60,77,82,98-99]。工程中常在土工膜管袋下游安装楔形支挡结构[21,36,49,100],以增加土工膜管袋堤坝的整体稳定性。

8.2 数值模型介绍

本章使用商业软件PFC^{2D}(Itasca 2008)[101]对土工膜管袋的截面形状和表面张力进行模拟。该离散元法中,物体的宏观本构行为通过单元间的微观模型实现,主要包括接触刚度模型、接触滑动模型、接触连接模型和黏弹接触模型。在计算过程中,采用时步算法在每个颗粒上反复使用运动方程(牛顿第二定律)进行位移计算,在接触点上反复使用力-位移方程进行接触力计算,并持续更新墙体、颗粒的位置以及颗粒间、颗粒与墙体间的接触力,最终达到平衡状态。使用离散元法模拟土工膜管袋的袋体结构,可以有效消除颗粒间弯矩的影响,更加真实地模拟土工膜结构在充水压力和侧向水压力共同作用下的几何形状、受力特点及稳定状态。

8.2.1 模型建立及计算过程

三角形挡体支挡时,模型参数定义如图 8-1 所示。本节定义充灌液体重度为 γ,充灌压力为 p_0,土工管袋的周长为 L。土工膜管袋的宽度、高度以及与地基土的接触宽度分别定义为 B、H 和 b。土工膜管袋截面上的张力用 T 表示。土工膜管袋下游一侧安装等腰直角三角形支挡结构,高度为 L_b。土工膜管袋一侧的洪水高度为 H_r。为了使计算结果适用一般情况,在研究中采用无量纲参数进行分析。土工膜管袋的 B、H 和 b,支挡结构高度 L_b,以及洪水高度 H_r 均采用周长 L 进行无量纲化处理,充灌压力 p_0 采用 γL 进行无量纲化处理,张力 T 采用 γL^2 进行无量纲化处理。

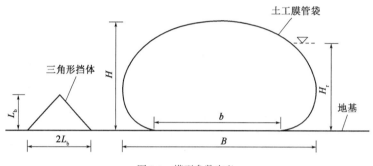

图 8-1 模型参数定义

采用 PFC^{2D} 建立的初始几何模型如图 8-2(a)所示。在计算过程中,取充灌液体的重度为 1.0;土工膜管袋的周长为 1.0,由 500 个粒径为 0.002 的颗粒组成,颗粒重度为 1.4。支挡结构由相同的颗粒构成,在计算过程中约束所有颗粒的水平、竖向和转角位移。地基采用一刚性墙表示,刚度足够大,忽略变形对结果的影响。依据 Guo[69] 的模型试验结果,取地基与土工膜管袋间的摩擦系数为 0.40,忽略颗粒间的摩擦。基于室内模型试验和其他分析方法,本章编写的 PFC^{2D} 程序选用的模型参数详见表 8-1,表中参数均为无量纲化处理后的结果。

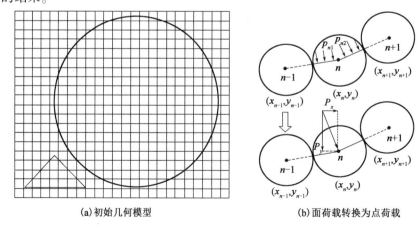

(a)初始几何模型   (b)面荷载转换为点荷载

图 8-2 土工膜管袋及挡体模型示意图

模　型　参　数　取　值

表 8-1

名　称	数　值	名　称	数　值
充灌物重度	1	接触法向强度	1.80×10^6
颗粒重度	1.4	接触切向强度	1.00×10^6
土工膜管袋颗粒粒径	0.002	接触法向刚度	5.00×10^9
土工膜管袋颗粒的法向刚度	5.80×10^{-6}	接触切向刚度	5.00×10^9
土工膜管袋颗粒的切向刚度	5.80×10^{-6}	挡体颗粒粒径	0.0005
挡体颗粒的法向刚度	1.08×10^{11}	土工膜管袋与挡体摩擦系数	0.00
挡体颗粒的切向刚度	1.08×10^{11}	土工膜管袋与地基摩擦系数	0.40

采用 PFC^{2D} 数值计算时,不能直接对颗粒施加液压,因此在计算过程中采用了点荷载转换法,即将颗粒单元受到的面荷载转化为节点上的点荷载,节点位置取颗粒单元的重心,如图 8-2(b)所示。p_{n1} 和 p_{n2} 分别表示颗粒单元在节点两边受到的液压,P_x 和 P_y 分别表示面荷载 p_{n1} 和 p_{n2} 在节点处产生的水平向和竖直向集中力。颗粒单元受到的液压计算公式为:

$$p_{n1} = p_0 + \gamma \left[H - \left(y_n - \frac{y_n - y_{n-1}}{4} \right) \right] \tag{8-1}$$

$$p_{n2} = p_0 + \gamma \left[H - \left(y_n + \frac{y_{n+1} - y_n}{4} \right) \right] \tag{8-2}$$

式中,γ 为充灌液体重度;H 为土工管膜袋的高度;p_0 为初始充灌压力。

根据上述面荷载 p_{n1} 和 p_{n2} 的计算公式,可以得到等效的水平向和竖直向集中力 P_x 和 P_y 的计算公式为:

$$P_x = p_{n2} \left(\frac{y_{n+1} - y_n}{2} \right) + p_{n1} \left(\frac{y_n - y_{n-1}}{2} \right) \tag{8-3}$$

$$P_y = p_{n2} \left(\frac{x_{n+1} - x_n}{2} \right) + p_{n1} \left(\frac{x_n - x_{n-1}}{2} \right) \tag{8-4}$$

在数值计算过程中,主要分为以下两个步骤:①建立土工膜管袋在充灌压力和充填物自重共同作用下的初始平衡状态;②将根据侧向水位计算得到的集中力施加到上游颗粒单元上,计算其运动与变形状态。另外,在计算过程中,当土工膜管袋高度变化不超过 10^{-6} 时,认为整个挡水系统达到平衡状态。

8.2.2　模型验证

为了验证本书计算方法的准确性,将本书计算得到的结果与其他分析方法进行对比。第 1 组对比,是基于 Leshchinsky 等[102]从理论上推导了土工膜管袋的几何形状函数,在推导过程中忽略了所有摩擦,并取土工膜管袋的周长 $L = 9m$,充灌液体重度 $\gamma = 12kN/m^3$ 时,对不同充灌压力下土工膜管袋的几何尺寸、表面张力进行了分析。为了对两种计算结果进行对比,将 Leschinsky 等得到的结果采用 H/L、B/L 和 $p_0/(\gamma L)$ 进行无量纲化处理,在数值分析过程中同样采用无量纲化处理,且相关参数选取参照表 8-1。最后将充灌压力 $p_0/(\gamma L)$ 与 H/L、B/L 之间的关系绘制如图 8-3 所示,显示两者计算结果比较吻合。

第 2 组对比,是基于 Guo 等[103] 所做的三组大比尺土工膜管袋模型试验,分别为宽 1m、长 2m 的土工膜管袋 T1;宽 1.5m、长 3m 的土工膜管袋 T2;宽 2m、长 4m 的土工膜管袋 T3,采用自来水进行充灌。分别研究了不同充灌压力下土工膜管袋的高度、宽度和管袋表面张力变化情况。为了与数值计算结果进行对比,同样采用 H/L、B/L、$p_0/(\gamma L)$ 进行无量纲化处理,其中自来水的重度 $\gamma = 10\text{kN/m}^3$。最后将模型试验所得 H/L、B/L 与 $p_0/(\gamma L)$ 之间的关系绘制在图 8-3 中,对比结果同样验证了本书计算方法的合理性。

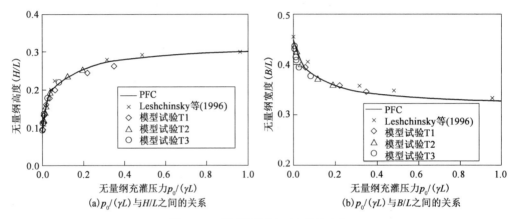

(a) $p_0/(\gamma L)$ 与 H/L 之间的关系　　(b) $p_0/(\gamma L)$ 与 B/L 之间的关系

图 8-3　PFC^{2D} 计算结果与已有结果对比

第 3 组对比,是基于 Huong 等[117] 采用 FLAC 有限差分法对三角形挡体支挡的土工膜管袋挡水水位及最终几何特性进行研究。采用梁单元建立周长为 1.473m,厚度为 0.508mm 的土工膜管袋。在计算过程中,取地基与土工膜管袋之间的摩擦系数为 0.53,支挡结构与土工膜管袋之间的摩擦系数为 0.267。采用水作为充灌物,内压水头为 0.465m,土工膜管袋高度为 0.334m,三角形挡体高度分别为 6cm 和 12cm 时侧向水位分别为 22.0cm 和 26.5cm。无量纲化后的三角形挡体高度分别为 0.04073 和 0.08146,无量纲化后的侧向水位分别为 0.14936 和 0.1799。最后将无量纲化后的横截面几何形状与本书计算得到的结果进行对比,如图 8-4 所示,进一步验证了 PFC^{2D} 程序用于计算土工膜管袋的合理性。

8.2.3　临界水位判别

土工膜管袋用于抗洪抢险时,挡体的高度 L_b/L、充灌压力 $p_0/(\gamma L)$ 和土工膜管袋的抗拉强度 R_m 共同决定了土工膜管袋能够抵挡的最大水位 H_{cr}/L。首先,一个支挡结构需要判断多大的侧向水位 H_r/L 会引起挡水失效。土工膜管袋挡水失效存在两种模式:一是挡体高度偏小侧向水位过大时土工膜管袋越过挡体顶部发生决堤,如图 8-5(a)所示;二是挡体高度偏大而侧向水位达到土工膜管袋高度时不发生翻越而发生溢流现象,如图 8-5(b)

所示。由于第二种失效模式比较好判断,所以在分析临界水位时,重点是分析第一种失效模式,即土工膜管袋恰好翻越支挡结构的临界水位 H_{cr}/L。

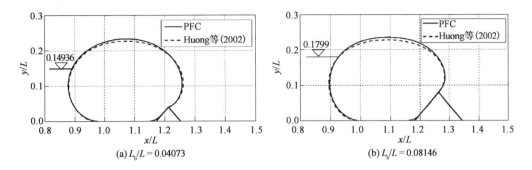

图 8-4　三角形挡体支挡时对比结果

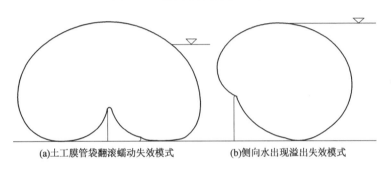

图 8-5　土工膜管袋挡水过程中两种失效模式

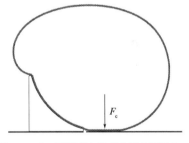

图 8-6　土工膜管袋与地基之间的接触力

取无量纲充灌压力 $p_0/(\gamma L) = 0.050 \sim 0.123$,L 形挡体高度 $L_b/L = 0.06 \sim 0.12$,进行正交组合研究土工膜管袋临界水位判别标准,正交组合数值计算方案见表 8-2。取土工膜管袋与地基间接触力 F_c 达到稳定值时视为平衡状态,如图 8-6 所示,否则土工膜管袋处于挡水失稳状态。

正交组合数值计算方案　　　　　　　　　　表 8-2

$p_0/(\gamma L)$	0.050	0.123	0.204
H_{ext}/L	0.08	0.07	0.06
H_{ext}/L	0.12	0.11	0.09

不同洪水水位时,土工膜管袋几何形态如图 8-7 所示。图 8-8 ~ 图 8-10 分别显示了不同水位下土工膜管袋的稳定状态。由此可知,土工膜管袋在挡体顶端处切线与水平线夹角位于水平线上方或与水平线重合时,土工膜管袋最终会达到平衡稳定状态。当夹角位于水平线下方时,土工膜管袋处于失稳状态直至土工膜管袋完全越过支挡结构。所以,

判断土工膜管袋在侧向水位下是否会达到稳定平衡状态以最终夹角 β 的大小为准,如图 8-11 所示, β 角位于水平线上方为正。当 $\beta \geqslant 0$ 时土工膜管袋处于平衡稳定状态,当 $\beta < 0$ 时土工膜管袋会发生翻越引起失效。因此,土工膜管袋最终运动状态 $\beta = 0$ 时对应的水位或发生溢流时土工膜管袋的高度,即为临界水位 H_{cr}/L。

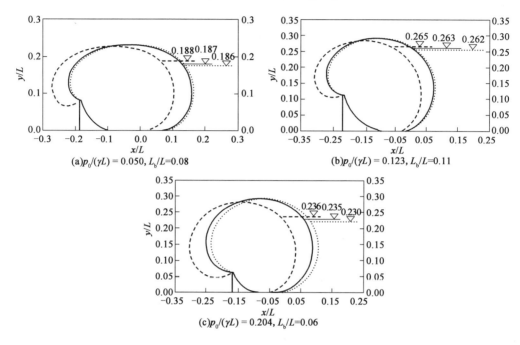

图 8-7 外侧水位作用下土工膜管袋截面形状

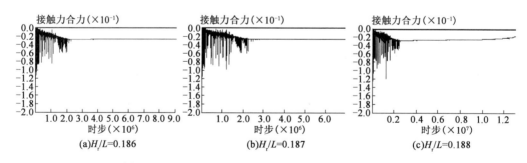

图 8-8 $p_0/(\gamma L) = 0.050$、$L_b/L = 0.08$ 时土工膜管袋的稳定状态

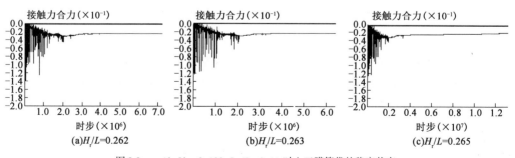

图 8-9 $p_0/(\gamma L) = 0.123$、$L_b/L = 0.11$ 时土工膜管袋的稳定状态

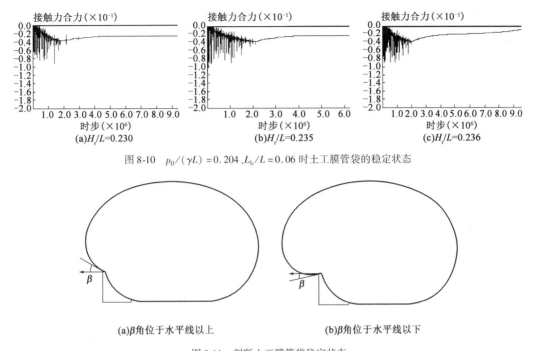

图 8-10　$p_0/(\gamma L)=0.204$、$L_b/L=0.06$ 时土工膜管袋的稳定状态

(a)β角位于水平线以上　　　　　(b)β角位于水平线以下

图 8-11　判断土工膜管袋稳定状态

8.3　三角形支挡结构

本节基于离散元 PFC^{2D} 程序,对一侧安装三角形支挡结构的土工膜管袋在抗洪抢险中的整体稳定性进行了计算分析,主要研究了充灌压力、挡体高度等影响因素对临界水位的影响程度。

8.3.1　临界水位与充灌压力的关系

选取一系列三角形支挡结构并保持挡体高度不变,研究不同充灌压力下临界水位的变化情况。取无量纲充灌压力 $p_0/(\gamma L)=0.050$,无量纲挡体高度 $L_b/L=0.06$,侧向水位分别为 $H_t/L=0.148$ 和 0.158 时土工膜管袋几何形态如 8-12(a)所示。当水位 $H_t/L=0.148$ 时土工膜管袋保持稳定状态,当 $H_t/L=0.158$ 时土工膜管袋发生翻滚。另外,由图 8-12(b)~图 8-12(d)可知,无量纲充灌压力 $p_0/(\gamma L)=0.087$、0.204、0.244 时有类似现象,且无量纲充灌压力由 0.050 增加至 0.244 时,临界水位由 0.148 增加至 0.240,临界水位提高了 62% 左右。从图中还可以发现,充灌压力越大,土工膜管袋整体刚度就越大,逐渐由柔性体变为刚性体,从而增大了土工膜管袋的挡水能力。此外,从图 8-12 中发现,当挡体高度 $L_b/L=0.06$ 时,临界水位均小于对应充灌压力下土工膜管袋的高度。此时,因为土工膜管袋自重和挡体提供的抵抗力小于土工膜管袋受到的侧向水压力,导致土工膜管袋沿挡体发生翻滚,从而使得土工膜管袋失去挡水能力。

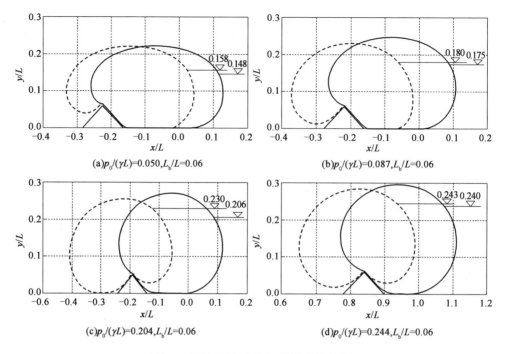

(a)$p_0/(\gamma L)=0.050, L_b/L=0.06$

(b)$p_0/(\gamma L)=0.087, L_b/L=0.06$

(c)$p_0/(\gamma L)=0.204, L_b/L=0.06$

(d)$p_0/(\gamma L)=0.244, L_b/L=0.06$

图8-12　不同充灌压力下土工膜管袋挡水形态

为研究不同情况下临界水位与充灌压力之间的关系,取无量纲充灌压力$p_0/(\gamma L)=$ 0.050~0.244、无量纲挡体高度$L_b/L=0.03~0.20$分析充灌压力对临界水位的影响,如图8-13所示。由图可知,在不同情况下,临界水位和充灌压力之间呈现双线性关系,在$p_0/(\gamma L)=0.162$时存在一个转折点。当$p_0/(\gamma L)<0.162$时,临界水位增加得比较快,在$p_0/(\gamma L)\geqslant 0.162$时增加得比较慢,在转折点后继续增大充灌压力对临界水位影响越来越小。原因是充灌压力$p_0/(\gamma L)\geqslant 0.162$后,土工膜管袋整体呈现一定的刚度,继续增大充灌压力对几何形状的影响较小。结合土工膜管袋的利用效率和抗拉强度要求,在设计计算时建议取充灌压力$p_0/(\gamma L)=0.162$。

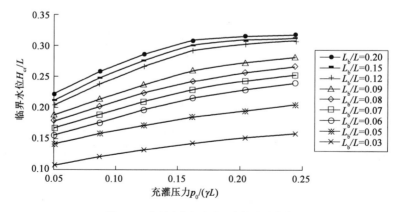

图8-13　临界水位与充灌压力的关系曲线

8.3.2 临界水位与挡体高度的关系

本节计算了不同挡体高度下临界水位的变化情况。取三角形挡体高度 L_b/L 分别为 0.05 和 0.20，充灌压力 $p_0/(\gamma L) = 0.087$，不同水位下土工膜管袋的几何形态如图 8-14 所示。由图 8-14(a) 可知，在 $L_b/L = 0.05$、水位 $H_{cr}/L = 0.153$ 时，土工膜管袋保持稳定状态，水位 $H_{cr}/L = 0.168$ 时土工膜管袋发生翻滚。由图 8-14(b) 可知，在 $L_b/L = 0.20$，侧向水位 H_{cr}/L 分别为 0.270 和 0.272 时，土工膜管袋均保持稳定状态，临界水位等于土工膜管袋的高度。另外，图 8-14(b) 中也表明继续增加水位土工膜管袋不会发生翻滚，只出现溢流失稳现象。

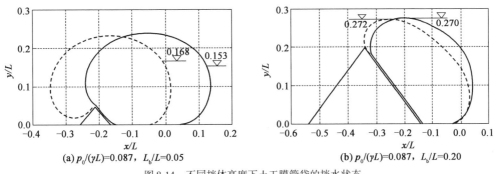

(a) $p_0/(\gamma L) = 0.087$，$L_b/L = 0.05$　　(b) $p_0/(\gamma L) = 0.087$，$L_b/L = 0.20$

图 8-14　不同挡体高度下土工膜管袋的挡水状态

现取无量纲充灌压力 $p_0/(\gamma L) = 0.050 \sim 0.244$，无量纲挡体高度 $L_b/L = 0.03 \sim 0.20$，对临界水位和土工膜管袋高度进行研究。不同充灌压力下，无量纲挡体高度与土工膜管袋高度之间的关系如图 8-15 所示。由图可知，支挡结构高度增大时能够抵挡的水位随之增加。同时图中显示两者之间呈非线性关系，支挡结构高度越小对土工膜管袋高度的影响就越大，反之影响越小。另外，当无量纲挡体高度 $L_b/L > 0.15$ 时，土工膜管袋的高度保持不变，该种情况下临界水位等于土工膜管袋的高度。最后，从图中可知，最佳支挡结构高度并不取决于充灌压力的大小，且最佳挡体高度都在 $0.12L$ 左右。

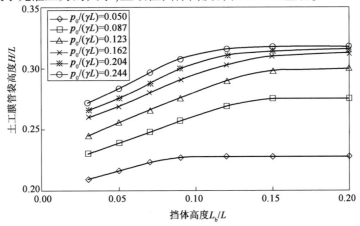

图 8-15　土工膜管袋高度与挡体高度的关系曲线

不同计算情况下，临界水位与支挡结构高度之间的关系如图 8-16 所示。从图中可知，随着挡体高度的增加，临界水位表现出非线性增大。当无量纲挡体高度 $L_b/L > 0.15$ 时，临界水位增加并不明显。当无量纲充灌压力 $p_0/(\gamma L) > 0.162$，且挡体高度 $L_b/L > 0.15$ 时，最后临界水位等于土工膜管袋的高度，说明继续增大侧向水位土工膜管袋不会出现翻滚现象，只发生顶部溢流失效。因此，采用三角形支挡结构用于抗洪抢险时，建议取充灌压力 $p_0/(\gamma L) = 0.162$、挡体高度 $L_b/L = 0.15$，此时临界水位等于土工膜管袋的高度，整个系统能够承受的最大水位为 $0.306L$。

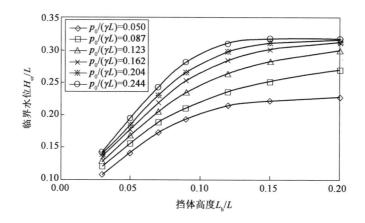

图 8-16　临界水位与挡体高度的关系曲线

8.4　顶部弧形支挡结构

由于三角形挡体顶部存在一个尖角，从而在土工膜管袋与挡体顶部接触的位置存在应力集中效应，增大了土工膜管袋拉裂破坏的风险。基于三角形支挡结构的缺点，提出了

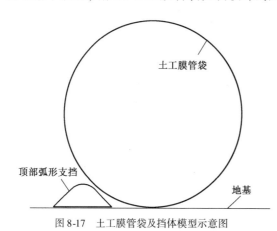

图 8-17　土工膜管袋及挡体模型示意图

一种新型的顶部弧形支挡结构，该结构可以消除土工管膜袋在顶部接触处的应力集中现象。采用离散元 PFC[2D] 对顶部弧形挡体的挡水性能进行研究，二维数值模型见图 8-17。该支挡结构底部夹角仍为 $\pi/4$，顶部弧形曲率半径为 $(2^{1/2}-1)L_b$。研究内容和组合情况可参照第 8.3 节，且按照第 8.2 节中的边界条件、初始条件和参数选取对该挡体结构进行挡水性能研究。

为研究三角形和顶部弧形挡体支挡的土工膜管袋沿表面的张力情况，将土工膜管袋置于支挡结构的顶部，如图 8-18 所示。

不同充灌压力下,三角形和顶部弧形挡体支挡的土工膜管袋张力变化情况如图 8-19 所示。由图可知,三角形支挡的土工膜管袋在顶部位置处的应力集中大约在 10%,而顶部弧形支挡的土工膜管袋的张力大小一致,无应力集中现象。

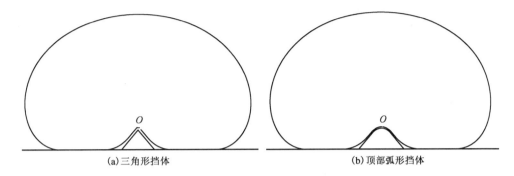

(a)三角形挡体   (b)顶部弧形挡体

图 8-18　张力分析数值模型图

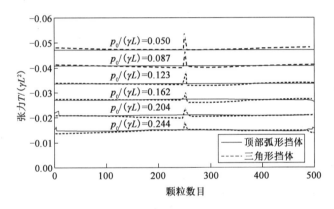

图 8-19　两种支挡结构形式对应的张力

为研究顶部弧形支挡结构的土工膜管袋的挡水性能,取挡体高度 $L_b/L = 0.08$,充灌压力为 $p_0/(\gamma L) = 0.087$ 时,不同水位下土工膜管袋的几何形态如图 8-20(a)所示。图中显示,水位 $H_r/L = 0.213$ 保持稳定状态,根据几何特点,则临界水位 $H_{cr}/L = 0.213$。在挡体高度保持不变,充灌压力增加至 $p_0/(\gamma L) = 0.244$ 时,不同水位下土工膜管袋的几何形态如图 8-20(b)所示,临界水位增加至 $H_{cr}/L = 0.268$,增加了 25% 左右。另外,取充灌压力 $p_0/(\gamma L) = 0.204$,挡体高度分别为 $L_b/L = 0.07$、0.15 时,不同水位下土工膜管袋的几何形态见图 8-21。图中显示,挡体高度由 0.07 增加至 0.15 时,临界水位由 0.248 增大至 0.318,增加了 28% 左右。

为研究不同情况下临界水位的大小,取充灌压力 $p_0/(\gamma L) = 0.050 \sim 0.244$,挡体高度 $L_b/L = 0.03 \sim 0.20$,对土工膜管袋高度和临界水位进行研究。不同充灌压力下,无量纲土工膜管袋高度与挡体高度之间的关系如图 8-22 所示。由图可知,支挡结构高度越大,能够支挡的水位相应地增加。图中两者之间呈现非线性关系,支挡结构高度越小,对土工膜管袋高度的影响就越大,反之影响越小。在无量纲挡体高度 $L_b/L > 0.15$ 时,土工膜管袋的高度保持不变,此时临界水位等于土工膜管袋的高度。另外,从图中可得,最佳挡体高度在 $0.12L$ 左右,且最佳支挡结构高度与充灌压力之间没有直接关系。

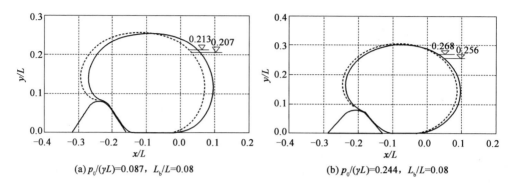

(a) $p_0/(\gamma L)=0.087$,$L_b/L=0.08$ (b) $p_0/(\gamma L)=0.244$,$L_b/L=0.08$

图 8-20　土工膜管袋几何形态(一)

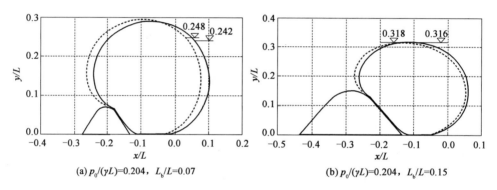

(a) $p_0/(\gamma L)=0.204$,$L_b/L=0.07$ (b) $p_0/(\gamma L)=0.204$,$L_b/L=0.15$

图 8-21　土工膜管袋几何形态(二)

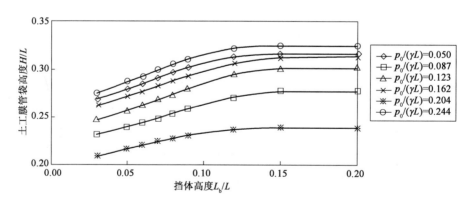

图 8-22　土工膜管袋高度与挡体高度的关系曲线

不同充灌压力下,临界水位与支挡结构高度之间的关系如图 8-23 所示。由图可知,随着挡体高度的增加,临界水位表现出非线性增大,在无量纲挡体高度 $L_b/L>0.15$ 时,临界水位几乎没有变化。另外,图中显示,充灌压力 $p_0/(\gamma L)>0.162$,且挡体高度 $L_b/L>0.15$ 时,临界水位等于土工膜管袋最后变形的高度,说明继续增大侧向水位土工膜管袋不会出现翻滚,只发生顶部溢流失效。因此,在采用顶部弧形支挡结构用于抗洪抢险时,建议取无量纲充灌压力 $p_0/(\gamma L) = 0.162$，无量纲挡体高度 $L_b/L = 0.15$，临界水位等于土工膜管袋的高度。

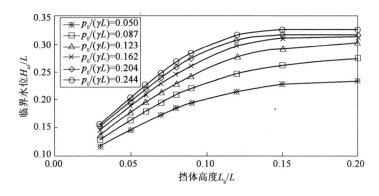

图 8-23 临界水位与挡体高度的关系曲线

8.5 L形支挡结构

基于上述研究，本节提出了另一种支挡结构，即 L 形挡体，并对其支挡的土工膜管袋在抗洪抢险中的整体稳定性进行了计算分析，研究的内容和组合情况可参照第8.3节。同时参照第8.2节中的边界条件、初始条件、参数选取和计算方法，采用无量纲参数进行分析。另外，取 L 形支挡结构弧形段的弧度角为 α，挡体顶部呈半圆形，半径为 0.003。L 形挡体支挡的土工膜管袋模型参数定义见图8-24，初始几何模型见图8-25。

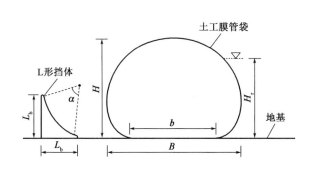

图 8-24 数值模型参数定义

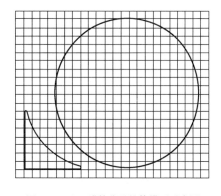

图 8-25 土工膜管袋及挡体模型示意图

为了确定各因素对临界水位的影响，现取 $L_b/L = 0.06$、$\alpha = \pi/3$、$p_0/(\gamma L)$ 分别为 0.050 和0.162 时，不同水位下对应的土工膜管袋几何形态如图 8-26（a）、图 8-26（b）所示。由图可知，在 $p_0/(\gamma L) = 0.050$、$H_r/L = 0.166$ 时，土工膜管袋保持稳定状态，$H_r/L = 0.175$时土工膜管袋发生翻滚；同理，在充灌压力 $p_0/(\gamma L) = 0.162$，$H_r/L = 0.214$时，土工膜管袋保持稳定状态，在 $H_r/L = 0.230$ 时土工膜管袋发生翻滚。由此可知，充灌压力 $p_0/(\gamma L)$ 由0.050增加至 0.162 时，临界挡水高度 H_{cr}/L 由 0.166 增

加到0.214,增加了29%。这说明充灌压力越大,土工膜管袋挡水性能越好。图8-26(a)、图8-26(c)中显示,挡体高度越大,临界水位就越大。而图8-26(d)中表明,支挡结构存在一个临界高度,当大于该临界高度时,临界水位等于土工膜管袋的高度,反之小于土工膜管袋的高度。因此,本节主要研究了充灌压力 $p_0/(\gamma L)$、挡体高度 L_b/L 和弧度角 α 对临界水位的影响。

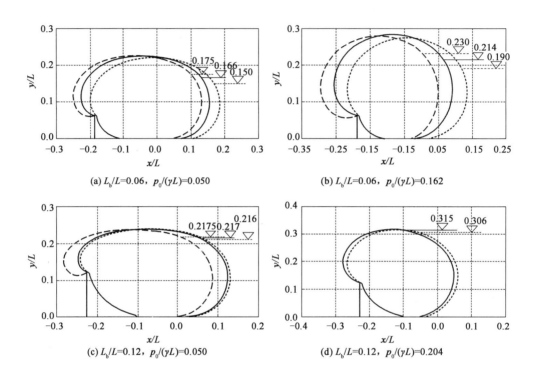

(a) $L_b/L=0.06$,$p_0/(\gamma L)=0.050$

(b) $L_b/L=0.06$,$p_0/(\gamma L)=0.162$

(c) $L_b/L=0.12$,$p_0/(\gamma L)=0.050$

(d) $L_b/L=0.12$,$p_0/(\gamma L)=0.204$

图 8-26 不同充灌压力下土工膜管袋形态

8.5.1 临界水位与充灌压力的关系

通过上述研究发现,挡体高度一定时,临界水位随充灌压力的增加而增大。现以弧度角 $\alpha=0$、$\pi/6$、$\pi/3$、$\pi/2$,挡体高度 $L_b/L=0.03\sim0.20$,充灌压力 $p_0/(\gamma L)=0.050\sim0.244$ 为例,分析不同充灌压力对应的临界水位,如图8-27所示。由图可知,临界水位随充灌压力的递增呈现出非线性增加,且在 $p_0/(\gamma L)=0.162$ 时为一个转折点。当 $p_0/(\gamma L)\leqslant0.162$ 时充灌压力对临界水位影响显著,当 $p_0/(\gamma L)>0.162$ 时临界水位增加幅度并不明显。主要原因是充灌过程中,土工膜管袋整体由柔性体渐变为刚性体,土工膜管袋逐渐由低压状态的翻滚蠕动失效,转变为高压状态下以挡体顶点为支点的整体翻滚失效,增大了土工膜管袋的抗翻转力矩。从而在充灌压力增大过程中,临界水位逐渐趋于土工膜管袋的高度,失效模式逐渐过渡为洪水发生溢流。

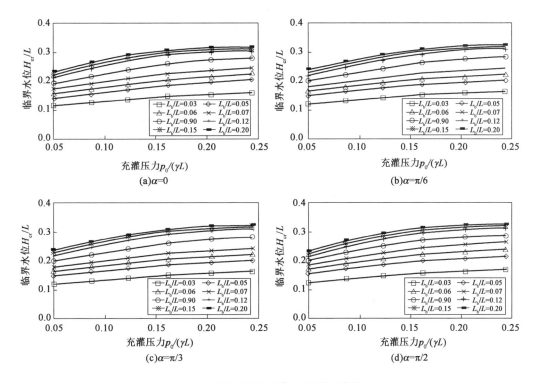

图 8-27　临界水位与充灌压力的关系曲线

8.5.2　临界水位与挡体高度的关系

当挡体高度在一定范围内时,挡体高度的增加会提高土工膜管袋的挡水性能。在 $p_0/(\gamma L)=0.050$,挡体高度 L_b/L 由 0.06 增至 0.12 时,临界水位增加值 $\Delta h_{cr}=0.051$,显示出临界水位随挡体高度的增加而增大,如图 8-28 所示。取弧度角 $\alpha=0$、$\pi/6$、$\pi/3$、$\pi/2$,充灌压力 $p_0/(\gamma L)$ 由 0.050 增加至 0.244 的条件下,临界水位与挡体高度之间的关系如图 8-29 所示。由图可知,挡体高度增大时,临界水位表现出相应的增加,并呈现出双线性关系。另外,由图可知,在所有计算情况下,转折点位于 $L_b/L=0.12$ 的位置处。在 $L_b/L\leqslant 0.12$ 时,挡体高度对临界水位影响较大;$L_b/L>0.12$ 时,临界水位受挡体高度的影响较小。主要原因是挡体高度 $L_b/L>0.12$ 时对土工膜管袋最终变形高度影响较小,该情况下临界水位已经临近土工膜管袋高度。从挡体利用效率的角度,建议在应用中取无量纲挡体高度 $L_b=0.12L$。

8.5.3　临界水位与弧度角的关系

支挡结构的弧度角 α 不同,会引起土工膜管袋与挡体间受力状态的变化,从而影响挡体的挡水性能。因此,本部分主要研究弧度角 α 对临界水位的影响。以充灌压力 $p_0/(\gamma L)=0.050\sim0.244$,$L_b/L=0.08$、$0.15$,$\alpha=0$、$\pi/6$、$\pi/3$、$\pi/2$ 为例,研究临界水位

H_{cr}/L 与弧度角 α 之间的关系,见图 8-30。由图 8-30 可知,在 $\alpha = \pi/3$ 时为一个转折点, $\alpha < \pi/3$ 时曲线斜率较小,$\alpha > \pi/3$ 时曲线斜率有所增加。弧度角 α 由 $\pi/3$ 增加至 $\pi/2$ 时,临界水位最大增加了 8.2%。因此,在设计 L 形挡体时,弧度角取值应该大于该转折点的值。其他条件相同,取 $L_b = 0.15L$ 时,图 8-30 中显示临界水位均大于该图中对应的临界水位,但是图中曲线斜率较小。弧度角 α 由 $\pi/3$ 增加至 $\pi/2$ 时,临界水位最大增加了 2.6%,表明弧度角对临界水位的影响并不明显。

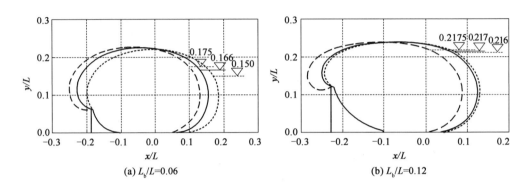

图 8-28　$p_0/(\gamma L) = 0.050$ 时不同挡体高度下土工膜管袋形态

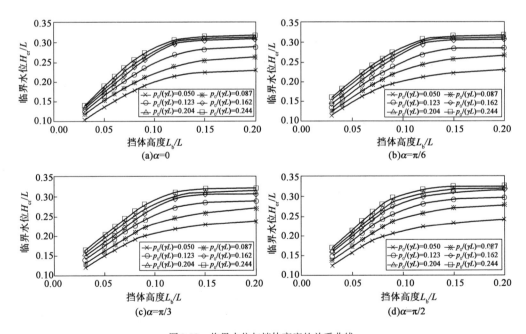

图 8-29　临界水位与挡体高度的关系曲线

下面主要研究充灌压力一定时,不同挡体高度下临界水位与弧度角之间的关系。图 8-31 表示充灌压力 $p_0/(\gamma L) = 0.050$、0.204,支挡结构高度为 $L_b/L = 0.03 \sim 0.20$ 时,临界水位与弧度角之间的关系。图中结果和图 8-30 所示类似,在 $\alpha = \pi/3$ 时为一个转折点,在转折点之前曲线斜率较小。图 8-31(a)中,弧度角 α 由 $\pi/3$ 增加至 $\pi/2$ 时,临界水位最大增加了 2.5%。图 8-31(b)中,弧度角 α 由 $\pi/3$ 增加至 $\pi/2$ 时,临界水位最大增加了 4.8%。因此,在设计 L 形挡体时,弧度角取值应该大于该转折点的值。结合上述研究,考虑到弧度角增加对临界水位影响甚微、节约材料、降低挡体自重和保证土工膜管袋在 $p_0/(\gamma L) \geqslant 0.162$ 时能与 L 形挡体充分接触等因素,在实际工程中建议弧度角取 $\alpha = \pi/3$。

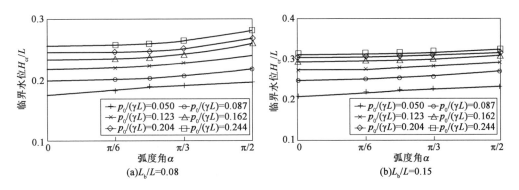

图 8-30 临界水位与挡体弧度角的关系曲线

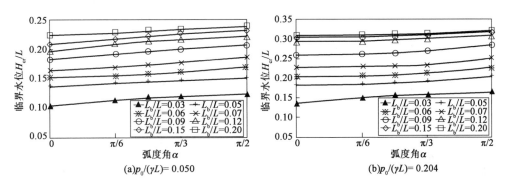

图 8-31 临界水位与挡体弧度角的关系曲线

8.5.4 土工膜管袋张力分析

(1)弧度角对张力的影响

为研究弧度角对张力的影响,取一系列 L 形挡体,挡体高度保持不变,改变弧度角,以观察土工膜管袋张力沿表面的变化情况。现以挡体高度 $L_b/L = 0.12$,充灌压力 $p_0/(\gamma L) = 0.087$,侧向水位 $H_r/L = 0.242$ 为例,分析弧度角 $\alpha = 0$、$\pi/6$、$\pi/3$、$\pi/2$ 时对土工膜管袋张力的影响,见图 8-32。图中显示,在土工膜管袋自由段面处弧度角对张力几乎没有影响。在弧度角 $\alpha = 0$ 时,土工膜管袋与挡体接触部分的张力随着液压的增加逐渐增大;在弧度角 $\alpha \geqslant 0$ 时,土工膜管袋与挡体接触部分的张力呈现均匀性。另外,在土工膜管袋与地基接触部分张力处于均一性,且在该位置张力处于最大值。图中数据显示,在接触部分的张力相比自由段面处的张力增大了 9.5% ~ 14.7%,且弧度角对土工膜管袋整体张力的影响较小。

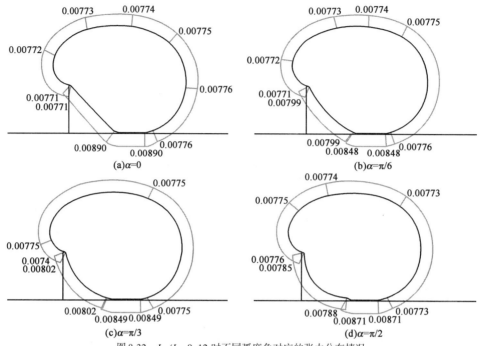

图 8-32 $L_{\mathrm{b}}/L = 0.12$ 时不同弧度角对应的张力分布情况

（2）挡体高度对张力的影响

为研究挡体高度对张力的影响，取一系列 L 形挡体，充灌压力保持不变，分析挡体高度不同时张力沿表面的变化情况。现以无量纲充灌压力 $p_0/(\gamma L) = 0.050$，无量纲挡体高度分别为 $L_{\mathrm{b}}/L = 0.06$、0.08、0.10、0.12，弧度角 $\alpha = \pi/3$，临界水位分别为 $H_{\mathrm{cr}}/L = 0.165$、$0.185$、$0.201$、$0.215$ 为例，分析挡体高度对张力的影响，见图 8-33。图中显示，挡体高度增大时，张力整体呈现降低的趋势，挡体高度对土工膜管袋张力的影响较大。原因是挡体高度越大，能够抵挡的水位就越高，土工膜管袋在支挡结构和侧向水压力共同作用下，存在一个挤压效应。由于挤压作用力与充水压力存在一个抵消作用，从而降低了张力。另外，图中也显示，在接触部分的张力相比自由段面处的张力增大了 0.0% ～6.5%，且整个张力分布可以由 3 个均匀部分构成，分别是土工膜管袋与挡体接触部分、土工膜管袋与地基接触部分和土工膜管袋自由段面处。

（3）充灌压力对张力的影响

充灌压力直接决定了张力的大小，现研究支挡结构存在时张力如何变化。取一系列高度固定的 L 形挡体，只改变充灌压力研究土工膜管袋张力变化情况。现以挡体高度 $L_{\mathrm{b}}/L = 0.12$，弧度角 $\alpha = \pi/3$，充灌压力 $p_0/(\gamma L) = 0.087 \sim 0.244$，侧向水位均为临界挡水高度为例，分析充灌压力对张力的影响，见图 8-34。由图可知，充灌压力越大，张力就越大，不同充灌压力下土工膜管袋自由段面张力几乎保持均一性，在与支挡结构接触段张力有一定的增加且大小一致，与地基接触段张力大小一致且在该位置处达到最大值。图中数据显示，在接触部分的张力相比自由段面处的张力增大了 0.6% ～10.1%，说明接触会引起张力变大。

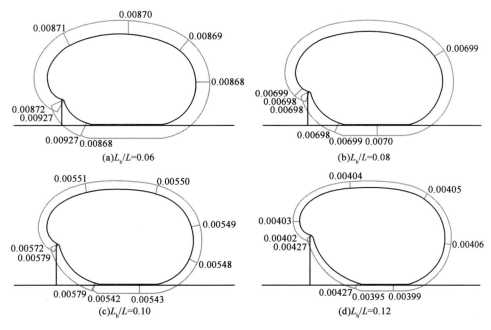

图8-33　不同挡体高度下土工膜管袋张力变化情况

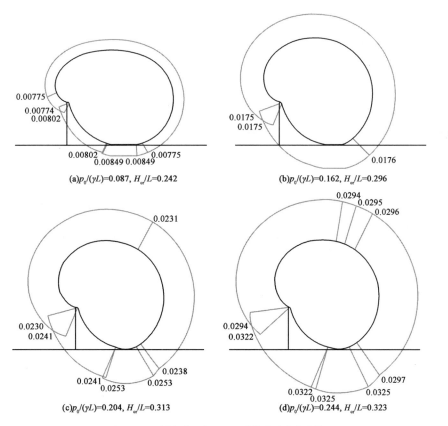

图8-34　不同充灌压力下土工膜管袋张力变化情况

通过以上分析可知,土工膜管袋张力分布大致可以划分为 3 个均匀部分:土工膜管袋自由段面处、与支挡结构接触段、与地基接触段。在土工膜管袋自由段面处张力处于最小值,在接触位置张力均有所增加。

8.6 本章小结

本章基于离散元 PFC^{2D} 程序,对一侧安装支挡结构的土工膜管袋作为临时挡水结构时的挡水性能进行了分析,通过研究得出以下结论:

(1)增大支挡结构的高度和充灌压力,均可以提升土工膜管袋的挡水能力。三角形和顶部弧形挡体支挡的土工膜管袋在临时挡水时,取无量纲挡体高度 $L_b/L=0.12$ 为最优设计挡体高度,但在实际工程中建议取 $L_b/L=0.15$、$p_0/(\gamma L)=0.162$ 为设计参数,对应的临界水位 $H_{cr}=0.316L$。

(2)L 形挡体支挡的土工膜管袋在 $L_b/L \geq 0.12$ 时,临界水位临近土工膜管袋高度,继续增大挡体高度对临界水位影响较小。在 $p_0/(\gamma L)>0.162$ 时,土工膜管袋接近圆形。从土工膜管袋利用效率及材料强度的角度,建议取挡体高度 $L_b=0.12L$、弧度角 $\alpha=\pi/3$、充灌压力 $p_0/(\gamma L)=0.162$ 为最优设计值,该设计参数下临界水位为 $H_{cr}=0.296L$。

(3)三角形挡体支挡的土工膜管袋会出现应力集中现象,对土工膜管袋的抗拉强度要求较高。采用顶部弧形支挡结构或 L 形支挡结构时,土工膜管袋不会出现应力集中现象。考虑到 L 形支挡结构具有省材、无应力集中的优势,所以在实际应用中建议采用 L 形支挡结构进行抗洪抢险。

9 土工管袋建造临时道路工程

9.1 工程概况

土工管袋挤淤修建临时道路方法的基本思想是,利用土工管袋自重作用进行挤淤,置换强度很小的超软淤泥土,使底部土工管袋坐落在强度较高的土层,然后在土工管袋上打设排水板,对土工管袋下部土体进行加固,形成道路的路基,最后在上面修建围埝和临时道路[104]。该法具有施工速度快,施工容易控制,节省投资等优点。

本工程位于天津港南疆东部港区,在南疆 110kV 变电站东侧,平行于南疆 30 万 t 油码头引桥,围海造陆面积达 10km²。由于吹填面积较大,且吹填泥强度很低,给后期相关工程施工带来了很大的不便,因此,在该吹填区域采用土工管袋逐级堆叠形成临时性交通运输道路。吹填产生的浮泥厚度不等,浮泥高程为 2.0 ~ 6.0m。结构形式为斜坡式临时围埝及道路,道路轴线距输油管线引桥中心线 45.0m,设计路顶中心高程为 +6.725m,为保证围埝及道路的有效使用,设置 3% 的排水坡,顶宽 15.0m,围埝及道路总长度约2516.0m,如图 9-1 所示。堤心采用大型土工管袋和吹填砂性土结构,道路软基处理方法为打设塑料排水板和铺设土工布软体排,路面采用袋装碎石、山皮土及泥结碎石结构,两侧设置袋装土路肩。在施工过程中,由于吹填区域表层为含水率大于液限的吹填土,因此,在进行土工管袋铺设施工时,土工管袋存在一个挤淤下沉过程。在设计过程中,根据已有的土层参数,确定土工管袋挤淤下沉量、土工管袋自身的固结沉降量以及土工管袋底部土层的变形量。

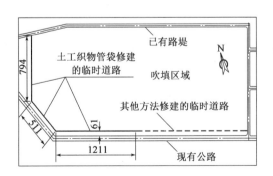

图 9-1 土工管袋建设临时性道路示意图(尺寸单位:m)

为节省资金,按照区域规划,临时道路将作为以后的永久道路使用。该法主要原理是采用大型土工管袋作为路基,利用大型土工管袋的挤淤作用使其底部坐落在承载力较高的土层,然后通过打设排水板,对袋底以下土层进行加固,提高下卧层承载力,为将来作为永久道路使用提供基础。目前,采用大型土工管袋挤淤筑路在滨海新区吹填泥工程中已取得成功,已建成的永久道路如图 9-2 所示。

图 9-2 天津港南疆道路

9.2 土层力学参数

在吹填区域现场共布置 17 个钻孔进行钻孔取样。从获得的土样中,对含水率、重度、抗剪强度参数、渗透系数、压缩系数和弹性模量等物理力学参数进行测量,测量得到的原位土层物理性质指标如表 9-1 所示。吹填完成后的围海造陆区域从表层至原海泥面以下土层主要分为 4 层,从上往下分别是:第 1 层为最新的吹填淤泥,平均含水率为 85%,大约是液限含水率的 2 倍,平均不排水抗剪强度为 1.2kPa,含水率较高,孔隙比较大,属于高压缩性土;第 2 层为自然堆积的海相黏土层,平均含水率为 56%,接近液限含水率,平均不排水抗剪强度为 5.4kPa,平均有效应力为上覆土层重量的 70% ~ 80%,属欠固结土,因此海相黏土层在上部荷载作用下仍会发生排水固结作用;第 3 层由粉质黏土构成,其中含有少量的砂质粉砂、粉质粉砂和黏质粉砂薄层,局部分层,平均含水率为 47%,高于液限含水率,平均不排水抗剪强度为 12.5kPa,该层土的超固结比在 0.9 ~ 1.0 之间,属正常固结或轻度的欠固结土;第 4 层土为密实的黏性土,平均含水率为 34%,低于液限含水率 35%,平均不排水抗剪强度为 32.3kPa,该层土的超固结比在 1.0 ~ 1.1 之间,属正常固结或轻度的超固结土。对不同土层进行力学性能分析,得到竖向和水平向的固结系数、渗透系数和各个土层的抗剪强度指标,如表 9-2 所示。

土体的物理性质指标   表 9-1

类 型	深度(m)	γ_s (kN/m³)	G_s	w(%)	e	w_L(%)	w_P(%)
吹填土	6 ~ 9	15.6	2.72	85	2.34	42	18
软黏土	6 ~ 7	16.8	2.77	56	1.61	59	26
粉质黏土	7 ~ 14	17.6	2.73	47	1.27	33	18
黏土	>14	18.3	2.71	34	0.98	35	17

土体的力学性质指标　　表 9-2

类型	c_u (kPa)	c' (kPa)	φ' (°)	c_v ($\times 10^{-7}$ m^2/s)	c_h ($\times 10^{-7}$ m^2/s)	k_v ($\times 10^{-9}$ m/s)	k_h ($\times 10^{-9}$ m/s)	E_s (kPa)	v
吹填土	1.2	—	—	0.78	0.78	2.1	2.1	370	0.4
软黏土	5.4	28	7.4	0.51	0.63	1.0	1.2	510	0.4
粉质黏土	12.5	26	6.3	0.88	1.22	0.5	0.7	1630	0.35
黏土	32.3	29	20	3.90	8.59	1.3	2.8	3100	0.35

9.3 工程施工

9.3.1 施工工艺

路面设计高程为 +6.725m,采用 12 层,每层土工管袋厚度为 0.5m,将土工管袋进行堆叠形成高程为 +4.7m 的路基,在第 12 层土工管袋的顶面打设垂向的塑料排水板至高程为 -15.0m 的位置,将塑料排水板贯穿至密实的黏土层中。排水板打设完成后,在土工管袋顶面继续堆叠两层充灌粗砂的土工管袋和铺设相应的土工布软体排。在路面采用袋装碎石、山皮土及泥结碎石结构使路面高程为 +6.725m,两侧设置袋装土路肩,路基坡度为 1:1。在道路高程为 +4.7m 和 +5.0m 的坡脚处,采用一层灌装砂土材料的土工袋进行覆盖保护。另外,把孔压传感器布置在道路中心轴线上高程为 -8.5m 和 -12.5m 位置,用于测量不同阶段孔隙水压力的变化情况。在施工过程中,土工管袋持续进行挤淤作用直至第 12 层土工管袋。此外,在道路纵向每 100m 设置三个表面沉降盘,用于监控路基的沉降情况。路基设计如图 9-3 所示。

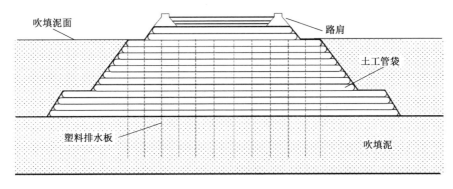

图 9-3　土工管袋筑路结构示意图

1)土工织物和充填材料

土工管袋使用的土工布为可折叠的聚丙烯编织布,其他三个边界用"J"型接缝缝制好。缝纫长度为 2cm,缝纫线为直径 2mm 的亚麻线,距边缘 10cm 左右。根据 EN ISO10321(1996)规范[105]可知,缝制得到的土工布片强度与原无缝土工布片强度的比值大约为 60.5%。土工管袋和土工布软体排基本性能如表 9-3 所示。根据 ASTM D4751 (2004)规范[87]测量,表面开孔尺寸(AOS)表示能有效通过土工布 O_{95} 的最大颗粒约为 0.145mm。为提高土工管袋强度,土工管袋纵向每隔 2.0m 在横向缠绕一圈土工条带,用于加强土工管袋的抗拉能力和整体稳定性。在路基施工中,每个土工管袋的长度均为 30m,在堆叠时纵向层之间的错缝采用 3m 的重叠。另外,沿纵向每隔 4m 在土工管袋表面安装两个直径为 30cm 的充填口。

土工织物基本属性 表 9-3

指 标	土工管袋(编织布)	土工布软体排(无纺布)	参 考
厚度(mm)	0.52	0.53	EN ISO 9863-1(2005)[106]
单位面积质量(g/m²)	131	152	EN ISO 9864(1990)[107]
渗透系数(cm/s)	0.00316	0.00307	EN ISO 11508(1999)[108]
等效孔径(O_{95},mm)	0.145	0.152	ASTM D4751(2004)[87]
穿刺强度(kN)	2.6	3.6	ASTM D4833(2013)[109]
抗拉强度(kN/m)	27.7	33.4	EN ISO 10319(2008)[110]
拉伸率(%)	20.5	22	
撕裂强度(kN)	0.521	0.613	EN ISO 9073.4(1997)[111]
接缝效率(%)	60.5	—	EN ISO 10321(1996)[105]

为避免砂粒沉降,保证管道内充填物的流体速度在一定水平,第 1~10 层土工管袋的充填物采用细砂与海水混合进行泵送,含水率为 130%。在充填过程中,土工管袋的高度严格控制在 0.40~0.65m 之间。如果固结后土工管袋的高度低于 0.5m 的设计高度,则需要进行重新充填。充填细砂颗粒的相对密度为 2.05,含水率为 20.2%,重度为 17.4kN/m³,液限为 20.4%,塑限为 11.5%,塑性指数为 9%。细砂的粒度分布如图 9-4 所示。根据美国标准土壤分类体系(ASTM D2487,2006)[112],细砂被划分为黏性砂(SC)。第 11~12 层土工管袋采用与细砂含水率相同的粗砂与海水混合填充。粗砂的粒度分布曲线如图 9-4 所示,根据 USCS 方法,该粗砂为级配较差的砂(SP)。

2)塑料排水板

塑料排水板的规格型号和质量应满足设计、规范及施工合同要求。打设前,将出厂合格证、技术性能鉴定书(原件)及检测证明报监理工程师。塑料排水板为 SPB-1B 型板,滤芯不得采用再生料,塑料排水板性能指标如表 9-4 所示。

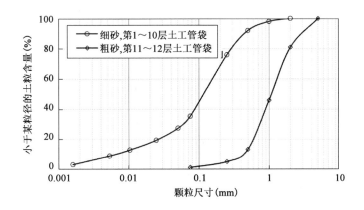

图 9-4　土的粒组含量及粒径分配曲线

塑料排水板性能指标　　　　　表 9-4

指　　标		单　　位	SPB-1B(塑料带芯包裹无纺布滤膜)	备　　注
截面尺寸	宽度	mm	100	
	厚度		4.0	
纵向渗透量		m^3/s	25	侧压 $350kN/m^2$
复合体抗拉强度		kN/10cm	1.3	延伸率 10%
渗透系数		cm/s	5×10^{-4}	试件在水中浸泡 24h
滤膜抗拉强度	干态	N/cm	25	延伸率为 10% 时
	湿态		20	延伸率为 15% 时
等效孔径		μm	75	以 O_{98} 计

9.3.2　施工工序

施工测量过程中要求:①对监理工程师提供的平面控制和水准网点的基本数据进行复测和校核,并将复测和校核结果在得到数据后 3d 内书面上报监理工程师确认后,再进行施工基线布设和现场放样;②根据复测和校核后监理工程师确认的平面控制和水准网点,增设施工控制点,施工控制点的布置密度应满足施工放样和施工监测的要求,测量精度应满足规范要求,并完全与监理工程师提供的平面控制和水准网点的基本数据相吻合;③所有控制点必须定期进行复测和检查,以保证测量精度满足规范要求;④测量仪器精度要满足规范要求,并在检定有效期内。

使用土工管袋挤淤筑路时具体方法与施工工艺如下:

(1)为了能够上人进行土工布软体排铺设和第一层土工管袋的铺设施工,在进行土工管袋筑路时,应先在吹填泥面上铺设荆笆,由于吹填泥承载力很小,需要铺设 2 层荆笆。荆笆层铺设完毕后,在其上面铺设 1 层土工布软体排。

（2）按设计要求铺设土工布软体排。铺设前要整平荆笆，土工布软体排铺放时应留有松紧适宜的褶皱，土工布软体排必须将砂垫层包裹严密，相邻两块土工布软体排的搭接长度不小于2.0m。搭接时应将新铺设的土工布软体排压在已铺好的土工布软体排下面，土工布软体排定位后，及时压铺充灌袋，防止产生位移。每个施工段完成后，请监理工程师验收签认合格后及时进行土工管袋施工。

（3）在荆笆和土工布软体排铺设完毕后，应及时压铺土工管袋，防止产生位移。土工管袋铺设完毕后立即进行吹填工作。土工管袋采用水力吹填砂性土的方法进行吹填。要求吹填的砂性土中粒径小于0.005mm的黏粒含量小于10%，土工管袋横向应为整体，应分层错缝堆叠，要求排列有序、无空隙，纵向层间错缝不得小于3.0m。土工管袋充填厚度控制在0.40~0.65m之间，在充填过程中如一次达不到理想高度，待土工管袋稍有固结后，再进行二次或多次充填，直到达到理想的充填高度。

第1层土工管袋吹填完成后，当固结度达到70%左右时，进行第2层土工管袋的铺设吹填。土工管袋固结度检测方法为：用钎探仪10kg锤击3次，嵌入深度不超过20cm，要求每层每1000m取3个点。各层土工管袋要相辅连接，用以固定土工管袋。以后各层的铺设和充填与第2层的铺设相同。在上层土工管袋吹填过程中，下层土工管袋会在自重和上层土工管袋作用下发生挤淤沉降，直至软黏土的承载力与土工管袋的重量相平衡为止。当土工管袋高出泥面30cm时，停止上层土工管袋的吹填。

图9-5 排水板的打设施工

（4）当在上层土工管袋作用下，下层土工管袋不再有挤淤沉降时，一般土工管袋要高出泥面30cm左右，并且最上层土工管袋达到一定固结度时才能进行排水板打设施工。采用陆地打板机进行施工，塑料排水板的宽度为100mm，厚度为4mm。按间距为1.0m正方形布置，排水板高程为-15.0m。塑料排水板的规格型号和质量应满足设计、规范及施工合同要求。排水板的打设施工如图9-5所示。

（5）排水板打设完成后，其上部吹填两层中粗砂土工管袋，作为泥中土工管袋和下卧层地基土的固结堆载，静置固结5个月。待土工管袋自身和下卧层土体固结完成之后，在上面铺设土工布倒滤层，如图9-6所示。土工布铺设范围以将土工管袋与其层间袋装砂性土全部遮挡为原则，内外均应留1.0m左右的余量。土工布铺设时应留有余量，土工布长度方向应垂直于围堤轴线布置，长向搭接长度不小于1000mm。沿宽度方向的接缝，搭接长度不小于100mm，线缝两道，采用现场缝制。

（6）土工布软体排铺设完成后，在两侧设置路肩。路肩采用袋装土堆砌而成，土体采用砂性土，要求所有袋子必须封口，错缝码放，袋子为编织袋，加工规格为550mm×1100mm。袋装土路肩设置完成后，利用土工管袋顶面土工布倒滤层多出的部分将路肩包住。这样可以在路肩内侧填充碎石、泥结碎石等填料，最终形成路堤，如图9-7所示。

图9-6 土工布倒滤层铺设   图9-7 路肩施工

（7）在路肩内侧摊铺碎石与山皮土。首先在土工管袋上铺放袋装碎石，然后在其上面摊铺山皮土，利用单钢轮振动压路机反复碾压，使之达到要求的密实度。碾压应连续完成，碾压完规定的遍数后，试验员应及时取样检测压实度，压实不足时应及时补压。

（8）山皮土铺设完毕后，在其上摊铺泥结碎石，泥结碎石路面不得现场拌和。泥结碎石中土的含量不得超过15%，土的塑性指数取值最佳范围为18~27。泥结碎石分两层摊铺，采用单钢轮振动压路机进行碾压，如图9-8所示。

（a）铺设泥结碎石   （b）对泥结碎石碾压

图9-8 泥结碎石路面施工

土工管袋挤淤筑路施工流程如图9-9所示。

9.3.3 施工质量控制

1）荆笆施工质量控制

（1）荆笆进场时通知监理工程师现场抽查，监理工程师审批同意后，才能用于本工程。

（2）荆笆铺设采用铅丝绑扎，搭接长度大于10cm。

（3）铺设荆笆前，应对铺设荆笆区域内的杂物进行清理。

（4）荆笆需分层铺设，且层与层之间的连接缝应错开，以增强荆笆的整体性，提高承载力。

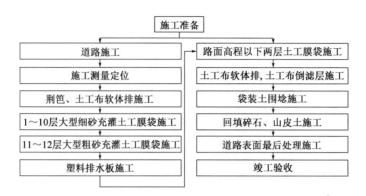

图 9-9　施工流程图

（5）荆笆的质量必须符合设计及规范要求。

（6）铺设荆笆,铅丝绑扎必须牢固,铺设范围必须满足设计要求。

2）土工布软体排施工质量控制

（1）土工布软体排相邻块搭接应严密,保证搭接宽度。

（2）土工布软体排铺设过程中应平顺、松紧适宜,不应出现褶皱。

（3）在施工过程中,应避免损坏土工布软体排。

（4）土工布软体排储存过程中应避免日晒。

（5）土工布下部垫层应整平,倒滤层应铺实,不得悬空设置。

3）土工管袋施工质量控制

（1）严格测量放样,确保土工管袋位置、高程的准确性,从而保证土工管袋棱体坡度符合设计要求。

（2）严格把好袋体材料质量关,除有出厂合格证外,每批材料均协助监理工程师抽样送检,杜绝不合格材料进入施工现场。

（3）充灌材料中粒径小于 0.005mm 的黏粒含量小于 10%。

（4）袋子横向应为整体,土工管袋应分层错缝堆叠,要求排列有序、无空隙,纵向层间错缝不得小于 3m。

（5）土工管袋制作前,应详细检查布料质量,有破损、孔洞、经纬线明显疏密不均、质地老化等明显影响土工管袋质量的布料一律不得使用。

（6）砂浆浓度宜控制在 20% ~ 45%,充填饱满度宜为 85%,厚度必须控制在 40 ~ 65cm,管路出口压力宜控制在 0.2 ~ 0.3MPa。土工管袋在大量施工前,先在滩地上进行砂袋典型施工,确定适宜的砂浆浓度、屏浆压力、固结时间、固结速度等经验数据后,再进行大面积施工。

（7）下层土工管袋在固结度达到 70% 后,方可进行上一层土工管袋的充填。固结度检测方法:用钎探仪 10kg 锤击 3 下,钎入度不超过 20cm,每层每 1000m 取 3 个点位。

（8）当土工管袋铺设完毕后,将改进型 4PL-250 型和 NL150-20 型水力冲挖机械通过驳船上的升降拉杆吊起充填机械,放置于依靠在驳船外侧的泥驳中。当听到开机指令后,即行开启机械。开机时应多送水,用来检查输泥管路是否堵塞,待输砂管道畅通后,再逐渐加大砂浆浓度。当接到停机指令或泥驳中砂已冲挖结束后,逐渐降低泥浆浓度,直到输砂管出口为清水时方可停机,这样可确保输砂管道不被堵塞。当自航驳中砂冲挖结束后,应放水冲管,再通过定位船上的升降拉杆将施工机械吊起,平稳地放置于定位船甲板上,解开自航驳与定位船间的连接缆绳,自航驳离定位船,同时已装满砂的自航驳靠上定位船,泊稳后再行施工。

(9)在充填时,应沿长边方向进行充填,避免应力集中损坏土工管袋袋体,并在充填过程中经常调整出砂管口方向,防止袋体在充填过程中受力不均而移位变形。待袋体固定不再发生位移时,再次充填,直至达到理想的充填厚度。

土工管袋在充填过程中,在袋体顶面人工来回踩踏,当土工管袋充填到一定的饱满度后,用木棍敲打砂袋,使颗粒重新排列趋于紧密,以加快袋体排水固结速度。待整个砂袋达到屏浆阶段,应适当减少充填砂袋机械或停止充填,以防布袋爆裂,留有一定固结脱水时间。

(10)土工管袋逐渐充满后,在屏浆期间,应控制好充填压力,防止袋体爆裂。当土工管袋棱体内砂料未固结成型,不可进行上层砂袋的充填,否则将压破下层砂袋。

(11)土工管袋充填结束后,检查砂袋有无破损,如有破损,应及时修复。在破损处另覆一块布,采用外覆式方法缝制,并使其满足搭接长度要求,防止风浪的冲刷而淘空袋体内土料,进而拉坏砂袋。

(12)土工管袋外露部分,不得长时间暴露,应及时进行后一道工序的施工,以便于形成土工管袋的保护。

(13)棱体完工时,土工管袋棱体的预留高度应满足设计要求。

(14)大型土工管袋施工后的截面尺寸不应小于设计截面。

4)塑料排水板施工质量控制

(1)本工程使用的塑料排水板,必须具有产品出厂合格证的技术性能检定书。塑料排水板的规格、质量和排水性能等指标,须符合塑料排水板技术参数与要求。

(2)每批塑料排水板运抵工地后,应进行外观检查和验收,其方法、数量与标准按《水运工程塑料排水板应用技术规程》(JTS 206-1—2009)[113]的有关规定执行。

(3)对同批次生产的塑料排水板,每200000m抽样一组进行检验(少于此数时也抽样一组);对不同批次的塑料排水板,则分批次抽检。

(4)现场排水板材料必须用帆布覆盖或存放于工地材料仓库中,以防日晒雨淋加速材料老化。

(5)不得使用存在板体断裂和滤膜撕破等现象的排水板。

(6)排水板施工前,按设计分区放出各区边界线,分区测量确定板位,并用排水板芯条或竹片插入最上面的砂垫层做定位标记,其板位偏差控制在±30mm以内。

（7）插板机定位时,管靴与板位的偏差控制在±50mm范围内。

（8）在插板机上设置配有刻度盘的活动金属垂针,在施插排水板前检查插板套管的垂直度,并控制其垂直度偏差不大于1.5%。

（9）在插板机架上用红漆或点焊做好明显的打设深度标记,以便插板机手控制插板深度和质检员观察记录。打设塑料排水板底高程偏差不大于±50mm。

（10）每台插板机配备一名质检员检查、记录,检查每根排水板的施工情况,打设完毕剪板后全面检查板位误差、垂直度、打设深度、外露长度、回带等情况,确保符合验收标准并记录后,方可移机打设下一根。发现打设不合格时,应及时在该板位450mm内补打。

（11）一个区段的排水板验收合格后,应及时进行上部充填袋的施工。

（12）打设塑料板时,机组质量员要认真观察是否有回带现象。当套管提升时,塑料板应随套管上升向管内移动,如不向管内移动,说明有回带现象,回带长度要控制在30cm以内,否则要重新补打。回带根数不能超过总根数的5%。

（13）塑料板打设必须为整板打设,不允许进行接板。

（14）排水板的施插将严格按照《水运工程塑料排水板应用技术规程》(JTS 206-1—2009)的有关规定执行。

9.3.4 施工监测

本工程坐落在软土地基上,为了保证地基和结构的稳定,比较准确地掌握施工期的地基沉降和水平位移情况,需要进行现场监测工作,包括施工期监测和永久观测。

1）施工期监测

沿堤轴线长度应按设计要求间隔设置地面沉降标,用以监测施工过程中软基的沉降,沉降速率以设计规定要求为准。

在断面轴线及两侧平台中点按设计要求设计沉降盘,用以监测施工过程中软基在断面不同位置的沉降,掌握地基变形规律,控制加载速率。

施工过程中,应随时监测地基土体的深层水平位移,防止因回填、风浪以及施工速度过快造成地基变形过快,引起地基失稳。监测断面布置及监测控制标准按设计要求执行。

埝内吹填期间,应进行结构位移观测,观测点设置于防波堤轴线上,主要测量结构在后方荷载作用下的位移,具体控制标准参照设计说明。

2）永久观测

在施工期结束后,应委托第三方开展永久观测。永久观测点在施工期沉降和位移监测点中选取,并应在竣工图上标明。由现场观测数据和计算数据,可以得到固结沉降随时间变化曲线,如图9-10所示。

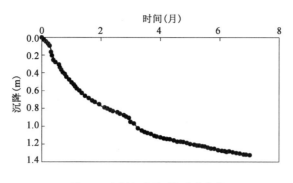

图9-10　固结沉降随时间变化曲线

9.4　理论计算

9.4.1　挤淤下沉计算

在围海造陆区域吹填泥表面以下三层土体由于土体压缩性较大、工程性质较差且含水率均大于液限,不排水抗剪强度小,即使在吹填泥表面铺设荆笆层和土工布软体排,充灌完成后的土工管袋在自身重量作用下,仍会逐渐下沉到软黏土层中。然后在其上面继续吹填土工管袋,新铺设的土工管袋继续挤淤下沉,直至袋子底部土体的承载力与袋子重量达到平衡不再发生挤淤沉降为止。为下一步施工方便,一般要求土工管袋顶部高出吹填泥面30cm。

土工管袋在吹填土地基上修建路堤的实质是,含水率较高、强度较小的吹填泥在土工管袋重力作用下产生滑动失稳而被挤出。挤淤的过程实际上就是通过地基连续不断失稳实现土工管袋对淤泥置换的过程,整个挤淤过程可以用地基稳定性的方法来分析。图9-11为土工管袋沉降到软土路基中的理想截面图。

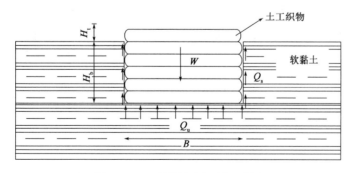

图9-11　土工管袋的受力平衡示意图

通过计算软黏土层不同位置处的极限承载力和相应位置处土工管袋的重量,可以估算出土工管袋的下沉深度。吹填泥面以下和以上土工管袋路基的高度分别记为 H_b 和

H_t，对应的路基宽度为 B，土工管袋路基总有效重量记为 W'，计算公式为：

$$W' = \gamma'_g H_b B + \gamma_g H_t B \qquad (9-1)$$

式中，γ'_g、γ_g 分别为土工管袋包裹材料的有效重度和重度。

在计算软黏土层的承载力时，根据静载极限平衡条件进行求解，地基土对土工管袋的承载力由侧面的摩阻力和土工管袋底部的端阻力两部分构成。其中，土工管袋的侧向总摩阻力用 Q_s 表示，采用系数 α 的方法进行求解，公式如下：

$$Q_s = \alpha s_{ui} H_i \qquad (9-2)$$

式中，s_{ui} 为第 i 层土工管袋的不排水抗剪强度；α 为附着力参数，通常在 $s_{ui} < 25\mathrm{kPa}$，$\alpha = 1.0$，$s_{ui} > 70\mathrm{kPa}$，$\alpha = 0.5$，其他情况时按照线性内插法取值。

土工管袋底部端阻力用 Q_u 来表示，采用以下公式进行计算：

$$Q_u = (\gamma'_{si} H_i + s_u^{\mathrm{tip}} N_c) B \qquad (9-3)$$

式中，γ'_{si} 为第 i 层土工管袋充填材料的有效重度；H_i 为第 i 层土工管袋的厚度；s_u^{tip} 为土工管袋底部土体不排水抗剪强度；N_c 为地基土承载力系数，在平面应变条件下取 5.14。

根据以上计算得到不同深处的 Q_s 和 Q_u，求得不同深度处地基土的承载力记为 $Q = Q_s + Q_u$，则有：

$$Q = \sum_{i=1}^{N} 2\alpha s_{ui} H_i + \sum_{i=1}^{N} \gamma'_{si} H_i B + 5.14 s_u^{\mathrm{tip}} B \qquad (9-4)$$

用 F_s 表示土工管袋路基的整体稳定性，根据稳定系数确定土工管袋挤淤沉降的大小。F_s 的计算公式为：

$$F_s = \frac{W'}{Q} \qquad (9-5)$$

根据上述已有的土性参数和稳定性计算公式，可以求得 F_s 随地基深度的变化情况，如图 9-12 所示。从图中可以看出，当地基深度小于 6.0m 时稳定系数 $F_s < 1.0$；当地基深度大于 6.0m 时 $F_s > 1.0$，土工管袋停止挤淤沉降。由于土工管袋的设计厚度为 0.5m，因此在土工管袋路基稳定平衡时，若要保持吹填泥面以上 30cm，需要土工管袋层数的设计值在第 13 层。

9.4.2 工后固结沉降计算

土工管袋沉入泥中深度包括两部分：一部分是由于土工管袋挤淤而产生的沉降，另一部分是土工管袋挤淤沉降稳定后打设排水板使土工管袋自身及下部土体固结而产生的沉降。在整个计算过程中，土工管袋沉入量由这两部分沉降组成。挤淤沉降设计方法已经得到解决，下面对下部土体固结产生的沉降计算进行研究。

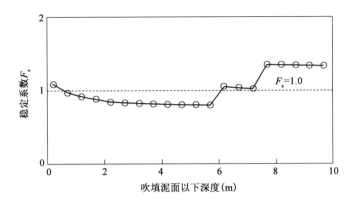

图 9-12 有效重度和承载力的比值

当土工管袋坐落于密实土层并达到稳定之后,可通过打设塑料排水板等途径进行排水固结,进一步加固地基土。塑料排水板的计算方法可等效为砂井地基进行计算,因此,必须首先将排水板等效为砂井。土工管袋在堆叠施工完成后处于稳定平衡状态,由于打设塑料排水板使得土工管袋充填材料排水固结及土工管袋底部土层发生排水固结引起沉降,根据太沙基一维固结理论、比奥三维固结理论和 Barron 固结理论,采用分层总和法计算竖井地基的平均固结度 U_{rz},由竖向排水和径向排水引起,总的平均固结度用式(9-6)计算。

$$U_{rz} = 1 - (1 - U_z)(1 - U_r) \tag{9-6}$$

$$U_z = 1 - \frac{16}{(1 + \alpha)\pi^2} \sum_{m=1}^{\infty} \frac{1}{m^2} \Big[1 - (1 - \alpha)\frac{2}{m\pi} \Big] \exp\Big(-\frac{m^2\pi^2}{4} T_v \Big) \tag{9-7}$$

$$U_r = 1 - \exp\Big[-\frac{8T_r}{F(n)} \Big] \tag{9-8}$$

$$T_v = \frac{C_v t}{H^2} \tag{9-9}$$

$$T_r = \frac{C_{vr} t}{d_e^2} \tag{9-10}$$

$$n = \frac{d_e}{d_w} \tag{9-11}$$

$$F_n = \frac{n^2}{n^2 - 1} \ln(n) - \frac{3n^2 - 1}{4n^2} \tag{9-12}$$

$$d_e = \alpha_1 d \tag{9-13}$$

$$d_w = \alpha_2 \frac{2(b + \delta)}{\pi} \tag{9-14}$$

式中,α 为上下排水面附加应力比;C_v 为竖向固结系数;C_{vr} 为径向固结系数;t 为固结时间(s);$F(n)$ 为井径比因子;T_r 为径向固结时间因素;T_v 为竖向固结时间因素;H 为土层的竖向排水距离;d_e 为竖井影响范围的直径;n 为井径比($n = d_e/d_w$);d_w 为塑料排水板的等效换算直径;α_1 为换算系数,正三角形布置时取 1.05,正方形布置时取 1.13;α_2 为换算系数,无试验资料时可取 0.75 ~ 1.00;b 为塑料排水板的宽度;δ 为塑料排水板的厚度。

根据上述固结理论,采用分层总和法计算土工管袋路基的沉降量如式(9-15)所示。附加荷载为土工管袋有效自重及其顶部道路结构的重力产生的附加应力之和,经计算为 $\Delta p = 72\text{kPa}$,根据计算得到的固结度,利用公式可以计算出沉降量为 1.29m。从而可以确定在顶部铺设两层中粗砂土工管袋的高度。

$$S = \sum_1^i S_i(\infty) U_i \tag{9-15}$$

$$S_i(\infty) = \frac{\Delta p_i}{E_{si}} H_i \tag{9-16}$$

式中,U_i 为第 i 层土在某一时刻的固结度;$S_i(\infty)$ 为第 i 层土总的沉降量;H_i 为第 i 层土厚度。

图 9-13 为固结沉降计算值和实测值随时间的变化曲线。由图可知,土工管袋在 7 个月内基本达到稳定,此时的固结沉降计算值为 1.29m,实测值为 1.32m。从固结沉降的计算值和实测值的对比可以发现,沉降的发展趋势基本吻合,通过以上固结计算,可以在设计时确定需要继续堆载的土工管袋层数,以保证满足道路高程的需求。

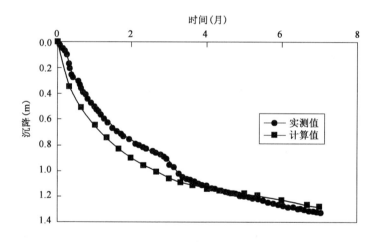

图 9-13　沉降随时间变化曲线

9.5　有限元计算

为了验证土工管袋挤淤下沉深度计算方法和固结计算方法的可行性,本节建立有限元模型,按照上面计算得到的沉入深度,将土工管袋落位于计算深度高程处,计算在此高程上土工管袋路堤的稳定性,在计算时考虑上部结构荷载和施工机械荷载。然后通过土工管袋往下打设排水板,打设深度为 17m,对土工管袋以下 10m 范围内的土体进行加固,计算其固结沉降,并与现场实测资料进行对比,验证计算方法的可行性。

9.5.1 挤淤下沉计算

采用 ABAQUS 中耦合的欧拉-拉格朗日(CEL)方法模拟土工管袋下沉深度。CEL 的最大优势是可以模拟材料的大变形问题,正如软体在冲击过程中的变形问题[114]。CEL 方法最早由 Noh 于 1964 年提出,Benson[115] 将其扩展到解决三维问题。该方法采用拉格朗日网格模拟上部结构,采用欧拉网格模拟软土。用拉格朗日域边界表示结构与软土之间的界面。

当路基足够长时,可假定为平面应变问题。ABAQUS 数值模型的网格如图 9-14 所示。地基采用三维 8 节点单元(C3D8R)建模,总高度为 45m,宽度为 150m,厚度为 1.0m。模型的左右边界允许在垂直方向上自由移动,在水平方向上固定,底部边界在两个方向上都是固定的。土体性质如表 9-1、表 9-2 所示。由于刚吹填完成后的土层无法立刻得到 c 和 φ 值,在数值模拟过程中假设土层的 $c = c_u$ 和 $\varphi = 1°$。由表 9-2 可知,吹填土层和软黏土层的泊松比为 0.4,而粉质黏土层和黏土层的泊松比为 0.35。土层的弹性模量由式(9-17)计算[116]。

$$E_s = \frac{c_v \gamma_w}{k_v} \tag{9-17}$$

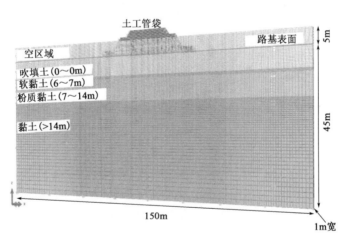

图 9-14　三维数值模拟示意图

为了模拟地表土体隆起,在地表以上建立了 5m 的空白区域,如图 9-14 所示。空白区域材料的性质参数都设为零。土工管袋采用 C3D8R 单元,其重度为 17.4kN/m³,为现场细砂的重度。有限元分析的重点是土工管袋路基的置换沉降,本节没有考虑路基的弯曲变形,而是采用相对较大的弹性模量 20mPa 进行模拟。为了模拟施工过程,土工管袋一层一层地铺在地基上。单层土工管袋的厚度为 0.5m,根据设计的路基截面计算土工管袋宽度,如图 9-14 所示。土工管袋在竖直方向自由移动,但在水平方向上固定。Huong[117] 和 Shin[20] 指出,充填砂土与土工管袋间的摩擦角为 20° ~ 35°,土工管袋与土之间的摩擦角为 20°,所以取土工管袋间和土工管袋与地基间的摩擦系数均为0.35。数值分析主要分为两步:①建立重力、孔隙水压力与土体变形之间的初始平衡状态;②将重力逐层施加到土工管袋上,将上部荷载传递至地基土上,直至整个系统达到平衡。为了验证 CEL 方法的准确性,提取土工管袋底部端阻力,与土工管袋的有效重量和地基土阻力的理论值进行分析比较。

地基和土工管袋间的平衡状态如图 9-15 所示。在 4 层土工管袋时,土工管袋沉降到泥面以下 1.36m,地表以上为 0.64m。当土工管袋从 12 层增加到 14 层时,土工管袋在泥面以上的高度从 1.71m[图 9-15(b)]增加到 2.05m[图 9-15(c)]。土工管袋在泥面以下的高度约为 4.95m。由于每个土工管袋的高度为 0.5m,所以土工管袋路基在第 10 层达到相对平衡。在实际工程中,土工管袋在第 12 层停止下沉,原因可能是流动网格无法恢复土工管袋路基的边缘,如图 9-15(b)、图 9-15(c)所示。

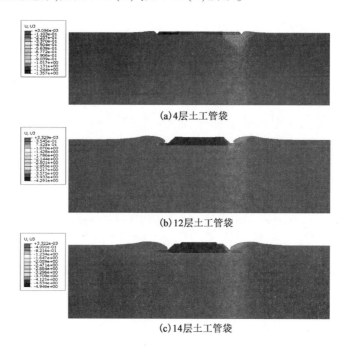

(a)4层土工管袋

(b)12层土工管袋

(c)14层土工管袋

图 9-15 土工管袋挤淤下沉云图

9.5.2 工后固结沉降计算

砂井地基实际上是典型的三维固结问题,严格地讲,应采用三维有限元进行计算。但是由于三维有限元分析本身的工作量巨大,若再加上密集的砂井,会使计算变得更加繁杂。为了便于计算,减少计算量,需要将砂井地基等效成砂墙地基进行二维平面应变分析。二维数值模型如图 9-16 所示。地基高度为 45m,宽度为 120m。边界条件如图 9-16所示。假定地表和土工管袋均具有渗透性。采用莫尔-库仑模型对地基土进行模拟,地基土性能如表 9-1、表 9-2 所示。假设第 1 层土的水平向渗透系数与竖向渗透系数之比为 $1.0(k_h = k_v)$。在平面应变模型中假设塑料排水板为砂墙地基,忽略涂抹和井阻的影响,平面应变条件下等效渗透系数 k_{hp} 与轴对称条件下渗透系数 k_h 之比为[118]：

$$\frac{k_{hp}}{k_h} = \frac{2(n-1)^2}{3n^2[\ln(n)-0.75]} \tag{9-18}$$

式中，k_h、k_{hp} 分别为轴对称和平面应变条件下的水平渗透系数；n 为井径比，$n = d_e/d_w$；d_e 为竖井影响范围的直径；d_w 为排水板的等效换算直径。

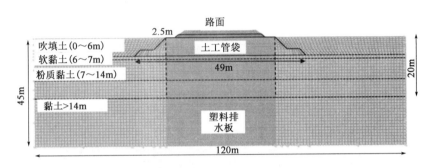

图 9-16　地基固结沉降数值模型

模型中，假设土工管袋为一块重度为 $17.4 kN/m^3$、弹性模量为 20MPa 的实心板。土工管袋路基总高度为 7m，地面以下为 6m。数值计算分为 4 个步骤：①建立重力、孔隙水压力和土体变形间的初始平衡状态；②在自重作用下地基发生排水固结；③安装塑料排水板后地基继续固结沉降；④在整个结构上施加一定的堆载，地基进一步固结沉降。

图 9-17 和图 9-18 分别给出了地基变形和孔隙水压力预测云图。由图可知，土工管袋路基总沉降约为 73.5cm，经过 5 个月的排水固结，超孔隙水压力几乎完全消散。施加路面荷载后，经 7 个月固结后最大沉降量为 99.6cm，如图 9-17（c）所示。路面沉降比较均匀，主要集中在塑料排水板附近的区域。

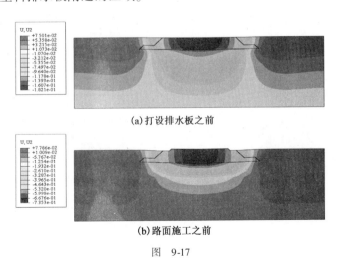

(a) 打设排水板之前

(b) 路面施工之前

图　9-17

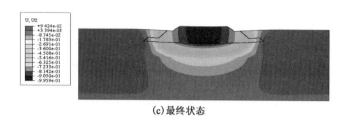

(c)最终状态

图 9-17　地基固结沉降云图

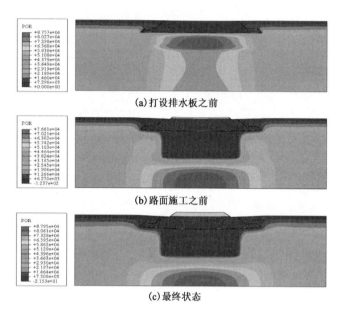

(a)打设排水板之前

(b)路面施工之前

(c)最终状态

图 9-18　孔隙水压力云图

　　图 9-19 为有限元分析和现场监测的超孔隙水压力随时间变化的曲线对比图。施工过程中,荷载的施加情况如图 9-19 所示。由于在高程为 – 8.5m 和 – 12.5m 处安装了两个孔压传感器,因此只能在这两个位置进行比较。可以看出,有限元分析结果与大多数实测结果基本一致,从而验证了有限元计算结果的准确性。

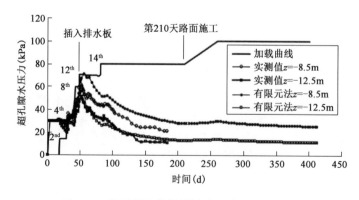

图 9-19　现场监测和数值计算的超孔隙水压力对比图

对第 12 层土工管袋表面的平均沉降量进行监测,并与数值计算结果进行对比,如图 9-20 所示,图中显示两者吻合得比较好。另外,由图 9-20 可知,在路面荷载施加之后,路面仍有 0.25m 的沉降(210~400d)。从图中可以发现,路面还在继续沉降。但是在路面施工中,这种沉降可以得到平衡。

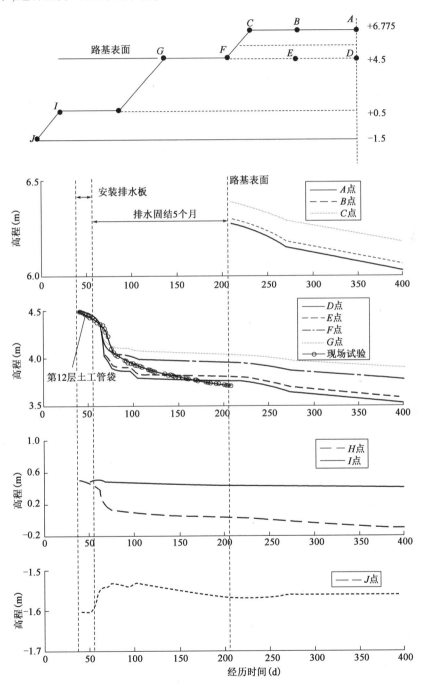

图 9-20　现场监测和数值计算的沉降对比图

平均固结度(DOC)是评价土体固结程度的一个重要参数。可通过某时刻地基沉降量(S)与最终地基沉降量(S_{ult})之比得到平均固结度。通常采用 Asaoka[119] 的方法估计最终沉降量。Asaoka 方法是基于 S_n 和 S_{n-1} 之间的关系并用一阶近似的关系来表达。S_n 和 S_{n-1} 的沉降值可以从监控的数据中选择,S_n 表达了 t_n 时刻的沉降,且采样间隔 $\Delta t = t_n - t_{n-1}$。根据地表沉降监测数据(图 9-10)估算出最终的地面沉降量。在恒定的时间间隔 $\Delta t = 3d$ 时绘制了 S_n 和 S_{n-1} 之间的关系曲线,如图 9-21 所示,由此可以估算出地面最终沉降值为 847mm。固结 5 个月(施工时间 58~208d)后的平均固结度为 93%。

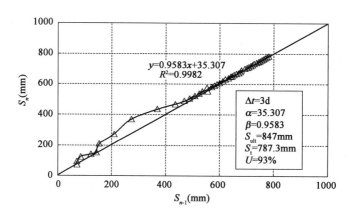

图 9-21　Asaoka 法预测最终固结沉降

9.6　本章小结

本章结合天津港南疆东部港吹填区临时道路示范工程,提出了土工管袋挤淤修建围堰和临时道路方法的结构形式和施工工艺。根据土力学理论和超软土承载力低的特点,提出土工管袋挤淤深度的计算方法;根据 Barron 固结理论,提出工后地基固结沉降计算方法。建立了有限元模型,对土工管袋挤淤筑路进行了有限元计算,建立了土工管袋挤淤筑路的有限元计算方法,分别计算了土工管袋路堤的稳定性和固结沉降,同时也验证了本书设计方法的可行性。

参 考 文 献

[1] 中华人民共和国住房和城乡建设部,中华人民共和国国家质量监督检验检疫总局.
土工合成材料应用技术规范:GB/T 50290—2014[S].北京:中国计划出版社,2014.

[2] Lee K M, Manjunath V R. Soil-geotextile interface friction by direct shear tests[J].
Canadian Geotechnical Journal,2000(37):238-252.

[3] 林刚,束一鸣.土工管袋填筑的设计原理[C]//中国土工合成材料工程协会.全国第
六届土工合成材料学术会议论文集.北京:现代知识出版社,2004:489-496.

[4] 朱远胜.土工管袋及其应用前景[J].纺织导报,2005(12):75-78.

[5] 杨明辉,沈仲涛,俞闻台,等.大风浪区防波堤堤心填筑土工管袋(GEOTUBE)应用与
实践[J].城市建设理论研究,2013(5):1-9.

[6] 刘伟超,杨广庆,汤劲松,等.土工织物充填管袋设计计算方法研究[J].岩土工程学
报,2016,38(s1):203-208.

[7] Guo W,Chu J,Yan S W,et al. Geosynthetic Mattress:Analytical solution and verification
[J]. Geotextiles and Geomembranes,2013,37:74-80.

[8] Guo W, Kou H L, Zhou B, et al. Simplified methods to analyze geosynthetic mattress
resting on deformable foundation soil[J]. Marine Georesources & Geotechnology. 2017,35
(3):339-345.

[9] 中华人民共和国住房和城乡建设部.建筑结构设计术语和符号标准:GB/T 50083—
2014[S].北京:中国建筑工业出版社,2014.

[10] 中华人民共和国水利部.水利水电工程技术术语标准:SL 26—2012[S].北京:中国
水利水电出版社,2012.

[11] Fowler J. Geotextile tubes and flood control[J]. Geotechnical Fabrics Report,1997,15
(5):28-37.

[12] Plaut R,Suherman S. Two-dimensional analysis of geosynthetic tubes[J].Acta Mechanica,
1998,129 (3-4):207-218.

[13] Szyszkowski W,Glockner P G. On the statics of large-scale cylindrical floating membrane
containers[J]. International Journal of Non-Linear Mechanics,1987,22(4):275-282.

[14] Tam,P W Ming. Use of rubber dams for flood mitigation in Hong Kong[J]. Journal of
Irrigation and Drainage Engineering,1997(123):73-78.

[15] Sehgal C K. Design guidelines for spillway gates[J]. Journal of Hydraulic Engineering,
1996,122(3):155.

[16] Yan S W,Chu J. Construction of an offshore dike using slurry filled geotextile mats[J].

Geotextiles and Geomembranes,2010,28（5）:422-432.

[17] Oh Y I,Shin E C. Using submerged geotextile tubes in the protection of the E. Korean shore[J]. Coastal Engineering,2006,53(11):879-895.

[18] Alvarez I E,Rubio R,Ricalde H. Beach restoration with geotextile tubes as submerged breakwaters in Yucatan,Mexico[J]. Geotextiles and Geomembranes,2007,25(4-5): 233-241.

[19] Koerner G R,Koerner R M. Long-term temperature monitoring of geomembranes at dry and wet landfills[J].Geotextiles and Geomembranes,2006,24(1):72-77.

[20] Shin E C, Oh Y I. Coastal erosion prevention by geotextile tube technology [J]. Geotextiles and Geomembranes,2007,25(4-5):264-277.

[21] Kim M,Freeman M,FitzPatrick B T,et al. Use of an apron to stabilize geomembrane tubes for fighting floods[J]. Geotextiles and Geomembranes,2004,22(4):239-254.

[22] Fowler J,Bagby R M,Trainer E. Dewatering Sewage Sludge with Geotextile Tubes[C]// Proceeding of 49th Canadian Geotechnical Conference, St. John's, New Foundland, Canada,1996(30):1-30.

[23] Perry,E B. Innovative Methods for Levee Rehabilitation:REMR-GT-26 [R]. U. S. Army Corps of Engineers,Waterway Experiment Station,Vicksverg,MS,1993.

[24] Watson L T,Suherman S,Plaut R H. Two-dimensional elastica analysis of equilibrium shapes of single-anchor inflatable dams [J]. International Journal of Solids and Structures,1999,36(9):1383-1398.

[25] Davis G A,Hanslow D J,Hibbert K,et al. Gravity drainage:A new method of beach stabilisation through drainage of the watertable [C] // Proceeding of the 23rd International Conference on Coastal Engineering,ASCE,1992:1129-1141.

[26] Bogossian T,Smith R T,Vertematti J C,et al. Continuous retaining dikes by means of geotextiles[C]// Second International Conference on Geotextiles,Las Vegas,NV,1982: 211-216.

[27] Saathoff F,Oumeraci H,Restall S. Australian and German experiences on the use of geotextile containers[J]. Geotextiles and Geomembranes,2007,25(4-5):251-263.

[28] Shin E C,Ahn K S,Oh Y I. Construction and Monitoring of Geotubes[C]// Proceeding of The Twelfth International Offshore and Polar Engineering Conference,2002:469-473.

[29] Katoh K,Yanagishima,Nakamura S,et al. Stabilization of beach in integrated shore protection system[M]. Yokosuka,Japan,1994.

[30] Miki H,Yamada T,Takahashi I,et al. Application of geotextile tube dehydrated soil to form embankments [C]// Proceeding of the second international conference on environmental geotechnics,1996:5-8.

[31] Lee E C. Application of geotextile tubes as submerged dykes for long term shoreline management in Malaysia[C] // 17th South East Asian Geotechnical Conference, Taipei, Taiwan, 2009:8-15.

[32] Nickels H, Heerten G. Building elements made of geosynthetics and sand resist the North Sea surf: Applications, Design and Construction Proc[C] // First International European Conference on Geosynthetics, 1996:907.

[33] Leshchinsky D, Leshchinsky O, Ling H I, et al. Geosynthetic tubes for confining pressurized slurry: some design aspects[J]. Journal of Geotechnical Engineering, 1996, 122(8):682-690.

[34] Kazimirowicz K. Simple analysis of deformation of sand-sausages[C] // Fifth International Conference on Geotextiles, Geomembranes and Related Products, Hydraulic Applications and Related Research, Singapore, 1994(2):775-778.

[35] Adam B, Krystian W. Geosynthetics and Geosystems in Hydraulic and Coastal Engineering[J]. Journal of Hydraulic Engineering, 2000, 126(7):556-557.

[36] Kim M, Moler M, Freeman M, et al. Stacked geomembrane tubes for flood control: experiments and analysis[J]. Geosynthetics International, 2005, 12(5):253-259.

[37] Kim M. Two dimensional analysis of four types of water-filled geomembrane tubes as temporary flood-fighting devices[D]. Virginia Polytechnic Institute and State University, Blacksburg, 2003.

[38] 朱伟, 张春雷, 刘汉龙, 等. 疏浚泥处理再生资源技术的现状[J]. 环境科学与技术, 2002, 29(4):39-41.

[39] 刘松玉, 詹良通, 胡黎明, 等. 环境岩土工程研究进展[J]. 土木工程学报, 2016, 49(3):6-30.

[40] 陈云敏, 施建勇, 朱伟, 等. 中国环境岩土工程的进展[C] // 第十一届全国土力学及岩土工程学术大会论文集, 2011:16-19.

[41] 陈云敏, 施建勇, 朱伟, 等. 环境岩土工程研究综述[J]. 土木工程学报, 2012, 45(4):165-182.

[42] Bowles F A, Fleischer P. Dewatering of geotextile fabric containers upon impact with the sea floor[J]. Environmental monitoring implications: Marine Pollution Bulletin, 1999, 38(9):791-794.

[43] Worley J W, Bass T M, Vendrell P F. Field test of geotextile tube for dewatering dairy lagoon sludge[J]. American Society of Agricultural and Biological Engineers, 2004:5077-5088.

[44] Zhu M, Kulasingam R, Beech J, et al. Modeling stability of stacked geotextile tubes[C] // Proceedings of GeoFlorida 2010: Advances in Analysis, Modeling & Design, 2010:

1777-1785.

[45] 张文斌,谭家华.土工布充砂袋的应用及其研究进展[J].海洋工程,2004,22(2): 682-690.

[46] Worley J W, Bass T M, Vendrell P F. Use of geotextile tubes with chemical amendments to dewater dairy lagoon solids[J]. Bioresource Technology,2008,99(10):4451-4459.

[47] Kutay M E, Aydilek A H, Hussein S. Dewatering fly ash slurries using geotextile containers [C]//Proceeding of GRI-18 Conference, ASCE,2005b:7.

[48] Muthukumaran A E, Ilamparuthi K. Laboratory studies on geotextile filters as used in geotextile tube dewatering[J]. Geotextiles and Geomembranes,2006,24(4):210-219.

[49] Sun L Q,Yue C X,Guo W,et al. Lateral stability analysis of wedged geomembrane tubes using PFC2D[J]. Marine Georesources & Geotechnology,2017,35(5):730-737.

[50] Jongeling T H G, Rövekamp N H. Storm surge barrier Ramspol[C]//Proceedings of xxviii IAHR CongressGraz, Austria,1999.

[51] 高本虎.橡胶坝工程技术指南[M].北京:中国水利水电出版社,2006.

[52] Subramanian K V, Kashikar A V, Nath C, et al. Analysis of raft foundation for spent fuel pool in nuclear facilities [C]//18th International Conference on Structural Mechanics in Reactor Technology (SMiRT 18),SMiRT18-K06-3,2005,Beijing, China.

[53] American Society for Testing and Materials. Standard Test Method for Nonrepetitive Static Plate Load Tests of Soils and Flexible Pavement Components, for Use in Evaluation and Design of Airport and Highway Pavements:ASTM D1196,D1196M-12 (2016)[S]. West conshohocken, Pennsylvania, USA,2016.

[54] Headquarters Departments of the army-Air Force Manual and the Air Force. Procedures for Foundation Design of Buildings and Other Structures:TM 5-818-1/AFM 88-3[S]. Washington, DC,1983.

[55] Holtz R D, Kovacs W D. An introduction to geotechnical engineering[M]. Prentice-Hall, Englewood Cliffs, New Jersey,1981.

[56] Press W, Teukolsky S, Vetterling W, et al. Numerical Recipes:The Art of Scientific Computing [M]. Cambridge University Press, New York,2007.

[57] 徐士良.C常用算法程序集[M].2版.北京:清华大学出版社,1995.

[58] Box M J. A new method of constrained optimization and comparison with other methods [J]. Computer Journal,1965,8(1):42-52.

[59] Lipson S L, Gwin L B. The complex method applied to optimal truss configuration[J]. Computers & Structures,1977,7(3):461-468.

[60] Guo W, Chu J, Yan S W. Effect of subgrade soil stiffness on the design of geosynthetic tube[J]. Geotextiles and Geomembranes,2011,29(3):277-284.

［61］ Guo W,Chu J,Yan S W,et al. Analytical solutions for geosynthetic tube resting on rigid foundation［J］. Geomechanics and Engineering,2014,6(1):65-77.

［62］ Guo W,Chu J,Nie W,et al. A simplified method for design of geosynthetic tubes［J］. Geotextiles and Geomembranes,2014,42 (5):421-427.

［63］ Helwany S. Applied soil mechanics with ABAQUS applications［M］. John Wiley and Sons Inc,2007.

［64］ Liu G S,Silvester R. Sand sausages for beach defence work［C］// Proceedings of the Sixth Australasian Hydraulics and Fluid Mechanics Conference, Adelaide, Australia, 1977:340-343.

［65］ Cantré S,Saathoff F. Design method for geotextile tubes considering strain-Formulation and verification by laboratory tests using photogrammetry［J］. Geotextiles and Geomembranes, 2011,29 (3):201-210.

［66］ Malik J,Sysala S. Analysis of geosynthetic tubes filled with several liquids with different densities［J］. Geotextiles and Geomembranes,2010(29):249-256.

［67］ Lukehart P M. Algorithm 218. Kutta Merson［J］. Comm. Assoc. Comput. Mach,1963,6 (12):737-738.

［68］ Christiansen J. Numerical solution of ordinary simultaneous differential equations of the 1st order using a method for automatic step change［J］. Numer Math, 1970 (14): 317-324.

［69］ Guo W. Geosynthetic tubes and mats:experimental and analytical studies［D］. Nanyang Technological University,Singapore,2012.

［70］ Silvester R. Use of Grout-Filled Sausages in Coastal Structures［J］. Journal of Waterway, Port,Coastal and Ocean Engineering,1986,112(1):95-114.

［71］ Richards F J. A flexible growth function for empirical use［J］. Journal of Experimental Botany,1959(10):290-300.

［72］ Chapman D G. Statistical problems in population dynamics［C］// Proceedings of the fourth Berkeley symposium on mathematical statistics and probability,Berkeley,CA,1961 (4):153-186.

［73］ Ratkowsky D A. Handbook of nonlinear regression models［M］. Marcel Dekker, New York,N. Y,1990.

［74］ Yuancai L,Marques C P,Macedo F W. Comparison of Schnute's and Bertalanffy-Richards' growth functions［J］. Forest Ecology and Management. 1997,96(3):283-288.

［75］ Zhang L J,Moore A,Newberry J D. Estimating asymptotic attributes of forest stands based on bio-mathematical rationales［J］. Ecological Applications. 1993,3(4):743-748.

［76］ Zhang L J. Cross-validation of non-linear growth functions for modelling tree heightdiameter relationships[J]. Annals of Botany,1997,79(3):251-257.

[77] Cantre S. Geotextile tubeseanalytical design aspects[J]. Geotextiles and Geomembranes, 2002. 20(5):305-319.

[78] Malík J. Some problems connected with 2D modeling of geosynthetic tubes[J]. Nonlin. Anal. Real World Appl,2009,10 (2):810-823.

[79] Silvester R,Hsu J R C. Coastal stabilization[M]. World Scientific Publishing Co Pte Ltd,1997:578.

[80] Liu G S. Mortar Sausage Units for Coastal Defense[D]. University of Western Australia, Australia,1978.

[81] Fowler J,Bagby R M,Trainer E. Dewatering Sewage Sludge with Geotextile Tubes[C]// Proceeding of 49th Canadian Geotechnical Conference, St. John's, New Foundland, Canada,1996:30.

[82] Plaut R H, Klusman C R. Two-dimensional analysis of stacked geosynthetic tubes on deformable foundations[J]. Thin-Walled Structures,1999,34(3):179-194.

[83] Klusman C R. Two-dimensional analysis of stacked geosynthetic tubes [D]. Virginia Polytechnic Institute and State University,1998.

[84] Yee T W,Lawson C R. Modelling the geotextile tube dewatering process[J]. Geosynthetics International,2012,19(5):339-353.

[85] American Society for Testing and Materials. Standard test method for tensile properties of geotextiles by wide-width strip method:ASTM D4595[S]. West conshohocken,Pennsylvania, USA,2009.

[86] American Society for Testing and Materials. Standard Test Methods for Water Permeability of Geotextiles by Permittivity:ASTM D4491-99a[S]. West conshohocken,Pennsylvania, USA,2009.

[87] American Society for Testing and Materials. Standard Test Method for Determining Apparent Opening Size of a Geotextile:ASTM D4751-04 [S]. West conshohocken, Pennsylvania, USA,2004.

[88] Rushton A,Ward A S,Holdich R G. Solid-liquid filtration and separation technology [M]. Weinheim,New York ,Wiley-VCH,1996.

[89] Handy R L. First-Order Rate Equations in Geotechnical Engineering[J]. Journal of Geotechnical & Geoenvironmental Engineering,2002,128(5):416-425.

[90] Plaut R H, Stephens T C. Analysis of geotextile tubes containing slurry and consolidated material with frictional interface[J]. Geotextiles and Geomembranes,2012(32):38-43.

[91] Press W, Teukolsky S, Vetterling W, et al. Numerical Recipes:The Art of Scientific Computing[M]. Cambridge University Press,New York,2007.

[92] 张光明.城市污泥资源化技术进展[M].北京:化学工业出版社,2006.

[93] 中华人民共和国住房和城乡建设部,中华人民共和国环境保护部,中华人民共和国科学技术部.城镇污水处理厂污泥处理处置及污染防治技术政策(试行):城建[2009]23[S].2009.

[94] Fowler J,Bagby R M,Trainer E. Dewatering sewage sludge with geotextile tubes[J]. Proceeding of 49th Canadian Geotechnical Conference, St. John's, New Foundland, Canada,1996:30.

[95] Kutay M E,Aydilek A H,Hussein S. Dewatering fly ash slurries using geotextile containers[J]. Proceeding of GRI-18 Conference,2005:7.

[96] Shin E C, Oh Y I. Consolidation process of geotextile tube filled with fine-grained materials[J]. International Journal of Offshore and Polar Engineering,2004,14(2):150-158.

[97] Yee T W,Lawson C R. Modelling the geotextile tube dewatering process. Geosynthetics International,2012,19:339-353.

[98] Guo W,Chu J,Yan S W,et al. Analytical solutions for geosynthetic tube resting on rigid foundation[J]. Geomechanics and Engineering,2014,6(1):1-13.

[99] Guo W,Chu J,Yan S W. Simplified analytical solution for geosynthetic tube resting on deformable foundation soil[J]. Geotextiles and Geomembranes,2015,43(5):432-439.

[100] Kim M,G M Filz,Plaut R H. Two-chambered water-filled geomembrane tubes used as water barriers:experiments and analysis[J]. Geosynthetics International,2005,12(3):127-133.

[101] Itasca. Fast Lagrangian Analysis of Continua (FLAC)[M]. Itasca Consulting Group Inc.,Minnesota,MN,USA,2000.

[102] Leshchinsky D,Ling H I. Geosynthetic tubes for confining pressurized slurry:some design aspects[J]. Journal of Geotechnical Engineering,1996,122(8):682-690.

[103] Guo W,Chu J,Nie W. A simplified method for the design of geosynthetic tube[J]. Geotextiles and Geomembranes,2014,42(5):421-427.

[104] 闫澍旺,刘克瑾,孙立强,等.吹填土上粉土充灌袋挤淤筑路的沉降机理和方法研究[J].公路交通科技(应用技术版),2010,6(02):71-75.

[105] European Committee for Standardization (CEN). Geotextiles-tensile test for joints/seams by wide-width method:EN ISO10321[S]. Brussels,Belgium,1996.

[106] European Committee for Standardization (CEN). Geosynthetics-Determination of thickness at specified pressures-Part 1:EN ISO9863-1[S]. Brussels,Belgium,2005.

[107] European Committee for Standardization (CEN). Geotextiles-Determination of mass per unit area:EN ISO9864[S]. Brussels,Belgium,1990.

[108] European Committee for Standardization(CEN). Geotextiles and geotextile-related products-determination of water permeability characteristics normal to the plane, Without Load: EN ISO11508[S]. Brussels, Belgium, 1999.

[109] American Society for Testing and Materials (ASTM). Standard Test Method for Index Puncture Resistance of Geomembranes and Related Products: ASTM D4833[S]. West Conshohocken, PA, USA, 2013.

[110] European Committee for Standardization (CEN). Geosynthetics wide-width tensile test: EN ISO10319[S]. Brussels, Belgium, 2008.

[111] European Committee for Standardization (CEN). Textiles-Test methods for nonwovens-Part 4, Determination of tear resistance: EN ISO10319[S]. Brussels, Belgium, 1997.

[112] American Society for Testing and Materials (ASTM). Stand practice for classification of soils for engineering purposes (Unified Soil Classification System): ASTM D2487[S]. West Conshohocken, PA, USA, 2006.

[113] 中华人民共和国交通运输部. 水运工程塑料排水板应用技术规程: JTS 206-1—2009[S]. 北京: 人民交通出版社, 2009.

[114] Benson D J, Okazawa S. Contact in a multi-material Eulerian finite element formulation [J]. Computer Methods in Applied Mechanics & Engineering, 2004, 193 (39-41): 4277-4298.

[115] Benson D J. Computational methods in Lagrangian and Eulerian hydrocodes[J]. Computer Methods in Applied Mechanics & Engineering, 1992, 99(2): 235-394.

[116] Das B M. Advanced soil mechanics, Third Edition[M]. Taylor & Francis, New York, USA, 2008.

[117] Huong T C, Plaut R H, Filz G M. Wedged geomembrane tubes as temporary flood-fighting devices[J]. Thin-Walled Structures, 2002, 40(11): 913-923.

[118] Indraratna B, Rujikiatkamjorn C, Sathananthan I. Radial consolidation of clay using compressibility indices and varying horizontal permeability[J]. NRC Research Press Ottawa, Canada, 2005, 42(5): 1330-1341.

[119] ASAOKA, AKIRA. Observational procedure of settlement prediction[J]. Soils and Foundations, 1978, 18 (4): 87-101.